總經理
採購
規範化管理

王德敏 編著

崧燁文化

目錄

前言

第 1 章 採購規範化管理體系

    1.1 採購管理知識體系導圖 ... 9
    1.2 採購規範化管理體系設計範例 ... 10
    1.3 業務模型設計要項 ... 15
    1.4 管理流程設計要項 ... 17
    1.5 管理標準設計要項 ... 22
    1.6 管理制度設計要項 ... 26

第 2 章 採購計劃管理業務‧流程‧標準‧制度

    2.1 採購計劃管理業務模型 ... 29
    2.2 採購計劃管理流程 ... 31
    2.3 採購計劃管理標準 ... 36
    2.4 採購計劃管理制度 ... 38

第 3 章 供應商管理業務‧流程‧標準‧制度

    3.1 供應商管理業務模型 ... 51
    3.2 供應商管理流程 ... 53
    3.3 供應商管理標準 ... 60
    3.4 供應商管理制度 ... 62

第 4 章 採購過程管理業務‧流程‧標準‧制度

    4.1 採購過程管理業務模型 ... 79
    4.2 採購過程管理流程 ... 80
    4.3 採購過程管理標準 ... 86
    4.4 採購過程管理制度 ... 88

第 5 章 採購進度管理業務・流程・標準・制度

5.1 採購進度管理業務模型 109
5.2 採購進度管理流程 110
5.3 採購進度管理標準 116
5.4 採購進度管理制度 119

第 6 章 採購質量管理業務・流程・標準・制度

6.1 採購質量管理業務模型 139
6.2 採購質量管理流程 140
6.3 採購質量管理標準 146
6.4 採購質量管理制度 148

第 7 章 採購成本管理業務・流程・標準・制度

7.1 採購成本管理業務模型 161
7.2 採購成本管理流程 162
7.3 採購成本管理標準 168
7.4 採購成本管理制度 171

第 8 章 採購結算管理業務・流程・標準・制度

8.1 採購結算管理業務模型 185
8.2 採購結算管理流程 186
8.3 採購結算管理標準 190
8.4 採購結算管理制度 191

第 9 章 採購訊息管理業務・流程・標準・制度

9.1 採購訊息管理業務模型 203
9.2 採購訊息管理流程 205
9.3 採購訊息管理標準 210
9.4 採購訊息管理制度 212

第 10 章 採購人員管理業務・流程・標準・制度

- 10.1 採購人員管理業務模型 227
- 10.2 採購人員管理流程 229
- 10.3 採購人員管理標準 233
- 10.4 採購人員管理制度 235

目錄

前言

《總經理採購規範化管理》以採購管理業務為依據，將採購管理事項的執行工作落實在具體的業務模型、管理流程、管理標準、管理制度中，幫助企業採購管理人員順利實現從「知道做」到「如何做」，再到「如何做好」的科學轉變。

本書以採購部的「業務模型＋管理流程＋管理標準＋管理制度」為核心，按照採購管理事項，給出每一工作事項的業務模型、編制相關工作事項的管理制度、提供相關工作事項的管理流程、描述具體工作事項的管理標準，使業務、流程、標準、制度在工作中相互促進，為讀者提供體系化、範例化、規範化的管理體系。本書主要有以下四大特點：

1. 層次清晰的業務模型

為了便於讀者閱讀和使用，本書針對採購計劃管理、供應商管理、採購過程管理、採購進度管理、採購質量管理、採購成本管理、採購結算管理、採購訊息管理、採購人員管理九大採購管理職能事項，按照組織設計和工作分析的思路，將業務模型劃分為業務導圖和工作職責兩項，分別提供了設計方案，進行了詳細介紹，並給出了模型範例。

2. 拿來即用的流程體系

本書在梳理採購管理工作內容的基礎上，提出了各項採購事務流程的設計思路，並向讀者提供了 39 個採購管理流程範例，細化了人力資源管理的具體工作事項，構建了「拿來即用」的人力資源流程體系，為企業實現人力資源管理工作的規範化、流程化、標準化提供很好的指導。

3. 科學合理的管理標準

本書根據目標管理的原則，科學、合理地制定了績效結果的評價項目、評估指標及評估標準。同時，為達到相關的績效目標，本書在工作分析與測算的基礎上，科學地設定相應的行為規範和作業標準，並給出應達成的結果

目標，為讀者展現採購管理工作應該達到的工作標準，並提供相應的標準範例。

4. 規範具體的制度設計

　　本書系統性地介紹了制度的設計方法、設計思路、編制要求及制度能夠解決的問題，然後針對採購日常管理工作中容易出現的問題，詳細地設計了36個採購管理制度範例，使得方法和範例相輔相成，為讀者自行設計管理制度提供了操作指南和參照範本。

　　本書適用於企業經營管理人員、採購管理人員、管理諮詢人士及高等院校相關專業的師生閱讀、使用。

　　在本書編寫的過程中，孫立宏、孫宗坤、劉偉、程富建負責資料的收集、整理，羅章秀、賈月負責圖表編排，姚小風參與編寫了本書的第1章，劉瑞江參與編寫了本書的第2章，金成哲、於增元參與編寫了本書的第3章，付偉參與編寫了本書的第4章，高玉卓參與編寫了本書的第5章，麼秀傑參與編寫了本書的第6章，劉華參與編寫了本書的第7章，宋君麗參與編寫了本書的第8章，李瑞峰參與編寫了本書的第9章，董金豹參與編寫了本書的第10章，全書由王德敏統撰定稿。

第 1 章 採購規範化管理體系

1.1 採購管理知識體系導圖

採購管理是採購需求調查確定、採購計劃下達、採購訂單生成、採購訂單執行、到貨接收、檢驗入庫、採購發票收集到採購結算的一系列的採購活動的集合。對採購過程中物的運動環節及狀態、資金的運動環節進行嚴密的跟蹤、監督，實現對企業採購活動執行過程的科學管理。採購管理知識體系導圖如圖 1-1 所示。

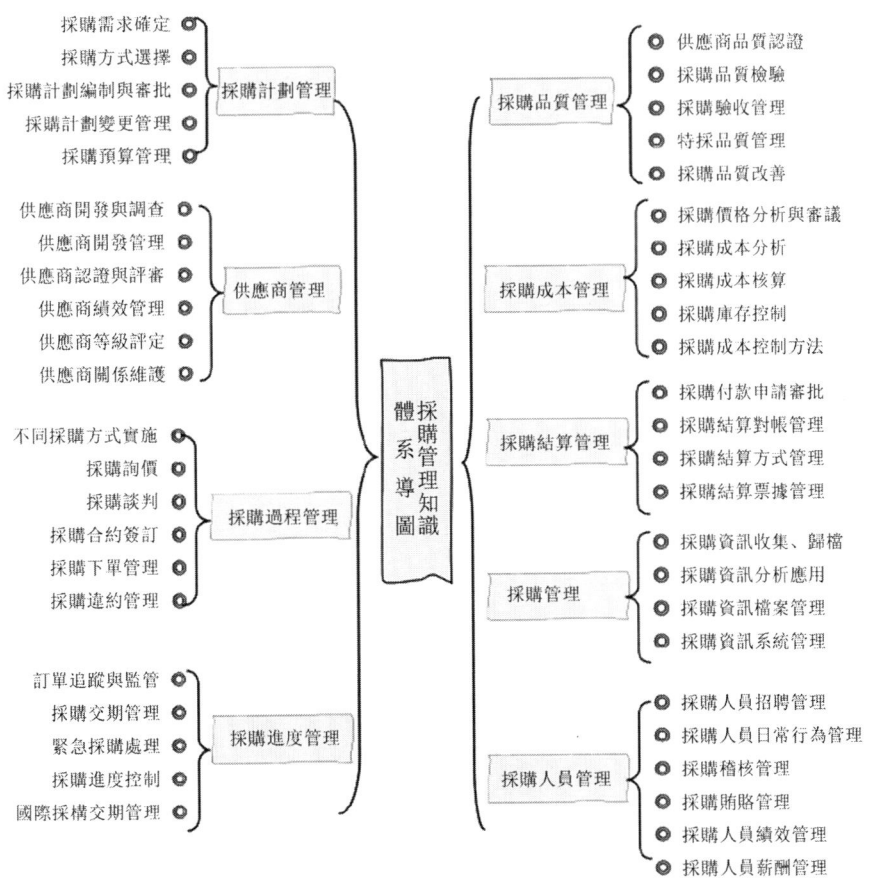

圖 1-1 採購管理知識體系導圖

1.2 採購規範化管理體系設計範例

業務模型主要用來描述企業管理所涉及的業務內容、業務表現及業務之間的關係,主要從業務心智圖和主要工作職責兩個方面進行設計。其具體範例設計如下:

1. 業務心智圖範例設計

業務心智圖是對業務內容進行分類描述,並對分類內容進行具體說明的範例。企業可以以表1-1所示的業務心智圖示例範例為參考,設計出適用的部門業務心智圖。

表1-1 業務心智圖範例範例

工作內容	內容具體說明
	1. 2. 3.
	1. 2. 3.

2. 主要工作職責範例設計

針對每一項業務或每一項工作,要做到事事有人做。這是企業各個部門在進行本部門所設職位的職責設計時所遵循的首要原則。同時,人力資源部還應做好企業策略分析、工作任務分析以及業務流程梳理工作,在此基礎上設計部門及每個職位的主要職責。

企業主要工作職責的設計,可參照範例的思路展開工作,具體如表1-2所示:

表 1-2 主要工作職責範例

工作職責	職責具體說明
	1. 2. 3.
	1. 2. 3.

流程是企業為向特定的顧客或市場提供特定的產品或服務所精心設計的一系列連續、有規律的活動,這些活動以確定的方式進行,並帶來特定的結果。

流程作為企業規範化管理體系中的一個維度,主要採用流程圖的方式進行設計。流程圖透過適當的符號記錄全部工作事項,用於描述工作活動的流向順序。流程圖由一個開始節點、一個結束節點及若干中間環節組成,中間環節的每個分支也要有明確的判斷條件。

常見的流程形式有矩陣式流程和泳道式流程。本書採用的泳道式流程為企業常見流程形式,其編寫範例示例如圖 1-2 所示。

第 1 章 採購規範化管理體系

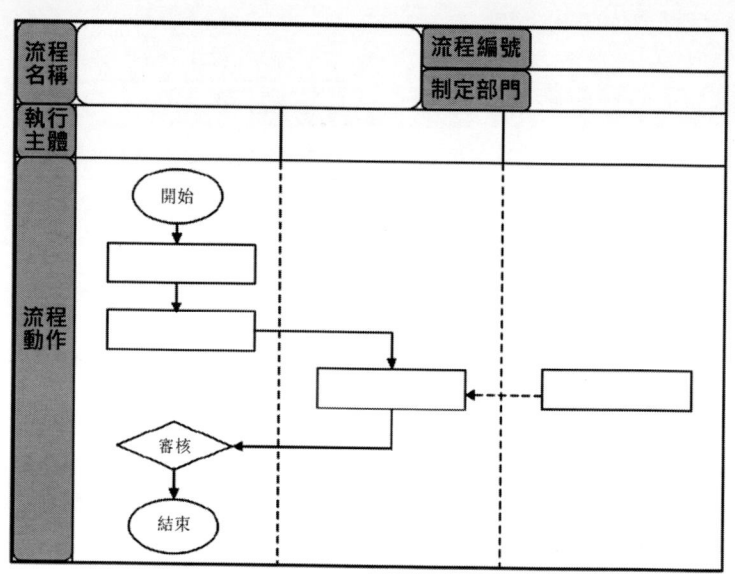

圖 1-2 流程編寫範例示意圖

　　管理標準是企業對日常管理工作中需要協調統一的管理事項所制定的標準。企業制定管理標準，可為相關工作的展開提供依據，有利於管理經驗的總結、提高，有利於建立協調高效的管理秩序。企業管理標準包括工作標準和績效標準兩項。

1. 工作標準範例設計

　　工作標準，是指一個訓練有素的人員在履行職責中完成工作內容所應遵循的流程和制度。具備勝任資格的在崗人員，在按照工作標準履行職責的過程中，必須遵循設定的工作依據與規範，並達成工作成果或目標。

　　企業具體工作標準設計，可參照相關範例，具體如表 1-3 所示。

　　表 1-3 工作標準範例

工作事項	工作依據與規範	工作成果或目標
1.	◆ ◆	(1) (2)
2.	◆ ◆	(1) (2)
3.	◆ ◆	(1) (2)

2. 績效標準範例設計

績效標準是結果標準,著眼於「應該做到什麼程度」。績效標準,是在確定工作目標的基礎上,設定評估指標、制定評估標準,與實際工作表現進行對照、分析,以衡量、評估工作目標的達成程度,它注重工作的最終產出和貢獻。

根據績效標準的要項,績效標準範例設計可參照範例的思路展開工作,具體如表1-4所示:

表1-4 績效標準範例

工作事項	評估指標	評估標準
		1. 2.
		1. 2.
		1. 2.

管理制度的內容結構常採用「總則+具體制度+附則」的模式,一個完整的管理制度通常應包括制度名稱、總則、正文、附則、附件五部分內容。

第 1 章 採購規範化管理體系

需要說明的是,對於針對性強、內容較單一、業務操作性較強的制度,正文中可不用分章,直接分條列出即可,總則和附則中有關條目不可省略。

根據制度的內容結構,制度編寫人員可參考相關文本範例編寫具體制度,如表 1-5 所示:

表 1-5 管理制度範例

制度名稱		XX制度		編號	
執行部門		監督部門		編修部門	
第1章 總則 第1條 目的 第2條 適用範圍 第2章 第 條 第 條 第3章 附則 第 條 第 條					
編制日期		審核日期		批准日期	
修改標記		修改處數		修改日期	

1.3 業務模型設計要項

業務模型應符合業務實際，符合企業管理需要。企業在設計業務模型前，應明確模型內容、模型形式，對企業高層進行調研，結合業務理論知識對企業業務事項進行分析、分解與設計，從而確定業務心智圖和主要工作職責，完成業務模型設計工作。

通常，企業應基於六項內容設計業務模型，具體如圖 1-3 所示：

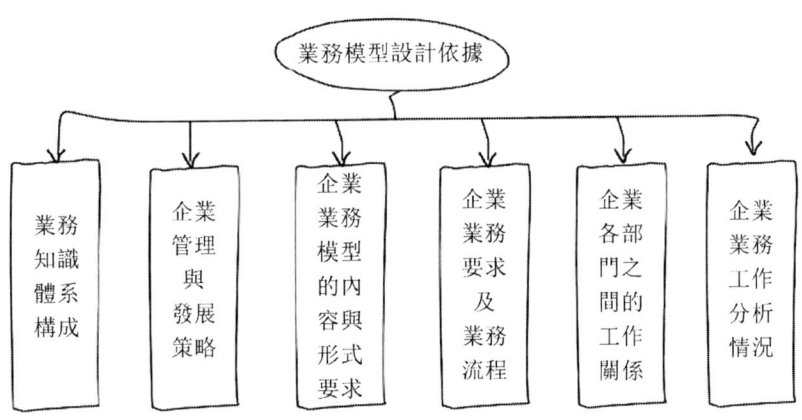

圖 1-3 業務模型設計依據

明確業務模型設計依據後，企業應導出業務模型，以發揮業務模型的指導、規範作用。業務模型的具體導出步驟主要包括四步，如圖 1-4 所示。

第 1 章 採購規範化管理體系

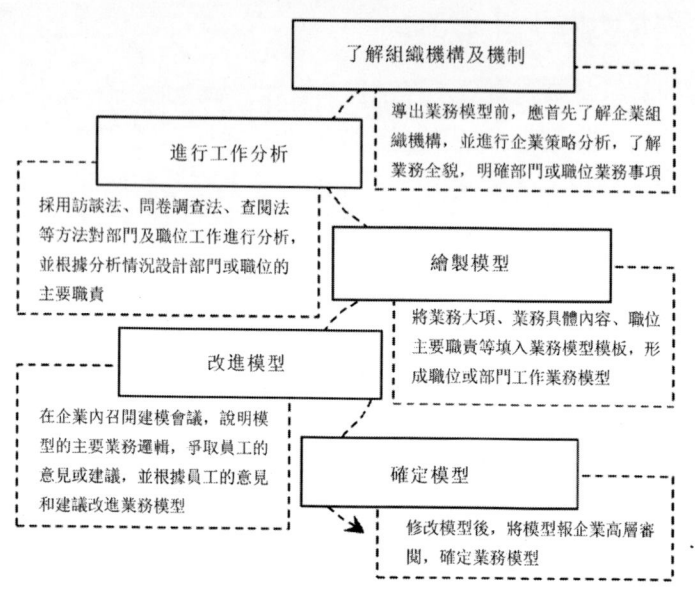

圖 1-4 業務模型導出步驟

為提高業務模型的準確性、實用性，企業在設計業務模型時，應注意以下六點注意事項：

（1）設計業務模型前，應確定業務願景，並明確業務範圍；

（2）設計業務模型前，應明確業務流程；

（3）單項業務的主要職責以 3~10 項為宜；

（4）業務模型內容應在企業或部門內部達成共識；

（5）業務模型包括業務心智圖與主要工作職責兩項，應分別設計，不可混淆；

（6）業務模型的內容應具體、簡練，易於理解，應與日常工作息息相關。

1.4 管理流程設計要項

管理流程主要用於支持企業策略和經營決策，應用範疇包括人力資源管理、訊息系統管理等多個領域，是企業透過流程管理對業務展開情況進行監督、控制、協調和服務。

管理流程具有分配任務、分配人員、啟動工作、執行任務、監督任務等功能。管理流程包括設計模塊、運行模塊、監督模塊三部分內容。管理流程設計，即運用各種繪圖工具繪製流程圖，將管理內容以流程圖的形式固定下來。

管理人員在具體設計管理流程時，可按以下三步進行：

1. 選擇流程形式

流程圖有很多種類型，流程設計人員應根據流程內容，選擇合適的流程圖形式。企業常見流程圖有矩陣式流程和泳道式流程兩種。

（1）矩陣式流程。矩陣式流程有縱、橫兩個方向，縱向表示工作的先後順序，橫向表示承擔該工作的部門或職位。矩陣式流程透過縱、橫兩個方向的坐標，既解決了先做什麼、後做什麼的問題，又解決了各項工作由誰負責的問題。

對於矩陣式流程圖，美國國家標準學會對其標準符號做出了規定，常用的流程圖標準符號如圖 1-5 所示。

第 1 章 採購規範化管理體系

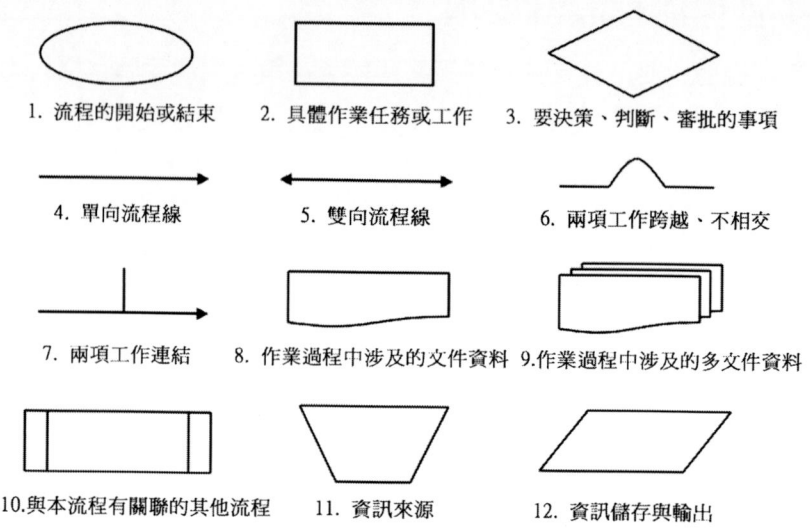

圖 1-5 流程圖標準符號

實際上，流程圖標準符號遠不止圖 1-5 所示的這些，但是，考慮到流程圖繪製越簡單明瞭，操作起來越方便，建議一般情況下使用圖 1-5 所示的前四種標準符號。

（2）泳道式流程。泳道式流程也是流程圖的一種，它能夠反映各職位之間、各部門之間、部門與職位之間的關係。泳道式流程與其他形式的流程圖相比，具有能夠理清流程管理中各自的工作範圍、明確主體之間的交接動作等優點。

泳道式流程也有縱、橫兩個方向，縱向表示執行步驟，橫向表示執行主體，繪製泳道式流程所用的標準符號如圖 1-5 所示。

泳道式流程圖用線將不同區域分開，每一個區域表示各執行主體的職責，並將執行步驟按照職責組織起來。泳道式流程圖可以方便地描述企業的各種管理流程，直觀地描述執行步驟和執行主體之間的邏輯關係。

2. 選擇流程繪製工具

繪製流程圖的常用軟件有 Word、Visio，二者在繪製流程圖方面各有特色，如表 1-6 所示。流程圖設計可根據本企業流程設計要求、自己的使用習慣等選擇使用。

表 1-6 流程圖繪製常用工具

工具名稱	工具介紹
Word	◆ Word軟體普及率高，使用方便 ◆ 排版、列印、印刷方便 ◆ 繪製的圖片清晰、檔案較小，容易複製到移動儲存裝置上 ◆ 繪製比較費時，難度較大，功能簡單，不夠全面
Visio	◆ Visio是專業的繪圖軟體，附帶了相關的建模符號 ◆ 透過拖動預定義的圖形符號，能夠很容易地組合圖表 ◆ 可根據本企業流程設計需要進行自訂 ◆ 能繪製一些組織複雜、業務繁雜的流程圖

3. 繪製流程圖

管理流程圖繪製步驟主要包括六步，具體如圖 1-6 所示：

第 1 章 採購規範化管理體系

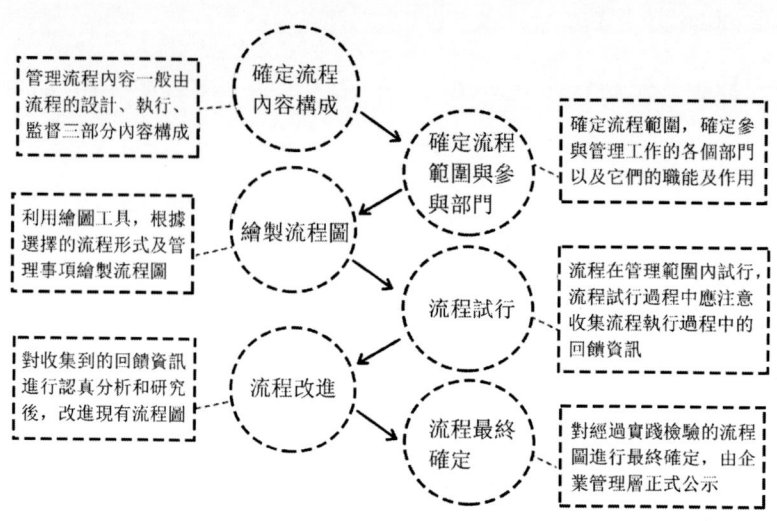

圖 1-6 管理流程圖繪製步驟

　　業務流程主要指企業實現其日常功能的流程，它將工作分配給不同職位的人員，按照執行的先後順序以及明確的業務內容、方式和職責，在不同職位人員之間進行交接。不同的職能事項模塊，業務流程的分類也有所不同。例如，財務規範化管理體系中，常見的業務流程包括財務預測工作流程、投資項目實施流程、會計帳簿管理流程、固定資產盤點流程等。

　　業務流程對企業的業務運營能造成一定的指導作用，業務流程具有層次性、人性化和效益性的特點。為規範企業各項業務的執行程序，明確各項業務的責任範圍等，企業需繪製業務流程圖，將流程設計成果予以書面化呈現。具體流程圖繪製程序如圖 1-7 所示：

1.4 管理流程設計要項

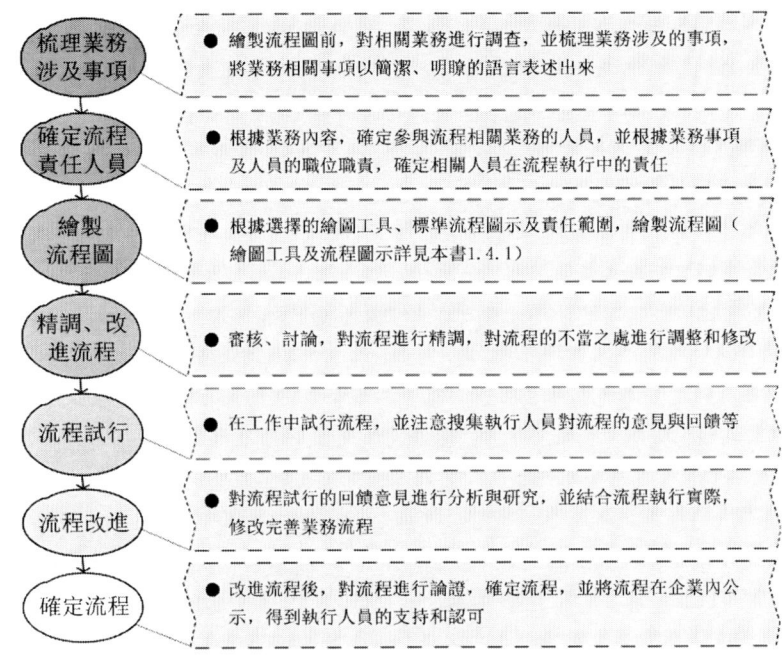

圖 1-7 業務流程設計程序

企業在具體設計管理或業務流程時，應注意以下四點，以確保流程內容規範、執行責任明確等：

（1）設計流程的目標要與企業經營目標、訊息技術水平相符合；

（2）流程圖的繪製應根據工作的發展，簡明地敘述流程中的每一件事；

（3）流程圖的繪製應簡潔、明了，這樣不但操作起來方便，推行和執行人員也容易接受和落實；

（4）各工作事項均應明確責任與實施主體。

1.5 管理標準設計要項

工作標準是用於比較的一種員工均可接受的基礎或尺度。制定工作標準的關鍵是定義「正常」的工作速度、正常的技能發揮。工作標準設計程序如下：

1. 明確工作標準的內容

規範的工作標準應包括以下五項內容：工作範圍、內容和要求，與相關工作的關係，職位任職人員的職權與必備條件，工作依據與規範，工作目標或成果。

2. 提取工作事項

企業應首先對部門或職位的工作進行分析，並根據分析情況及主要工作職責及業務流程，提取職位工作事項。工作事項應全面、具體。

3. 確定工作依據

提取工作事項後，企業要根據事項涉及的部門及工作內容等，確定工作依據，工作依據一般包括工作相關的制度、流程、表單、方案及其他相關資料等。

4. 確定工作目標

（1）正常工作效率測算。正常工作效率是指在一定的時間內，無須額外工作或提高工作強度所得出的工作成果。正常工作效率測算程序如圖 1-8 所示：

1.5 管理標準設計要項

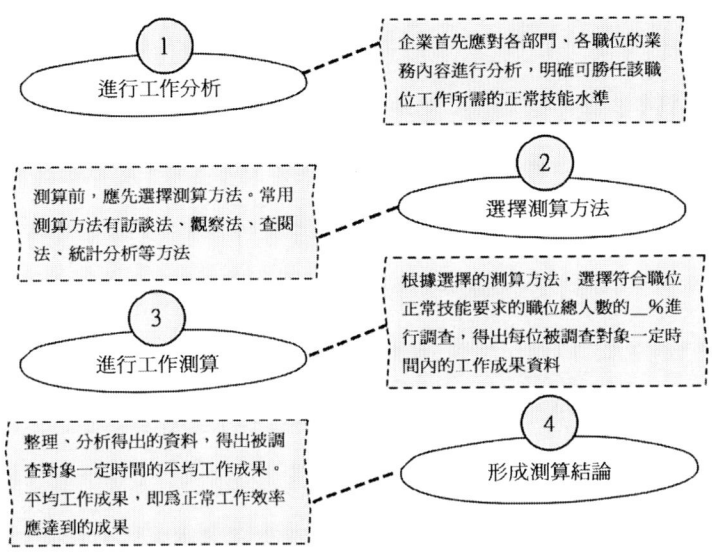

圖 1-8 正常工作效率測算程序

（2）設定工作目標。工作目標應以策略目標及正常工作效率測算數據為依據制定。一般來說，工作目標應略高於正常工作效率測算得出的數據，工作目標應詳細、清晰、具體地描述，應是正常工作時間內，正常工作效率和工作技能可以達到或實現的。

5. 形成工作標準

企業應將分析或測算得出的工作事項、工作依據、工作成果或目標等訊息整理彙總，填入工作標準範例，形成企業工作標準體系。

績效標準是部門或職位相應的每項任務應達到的績效要求。績效標準明確了員工的工作目標與考核標準，使員工明確工作該如何做或做到什麼樣的程度。績效標準的設計，有助於保證績效考核的公正性，同時可為工作標準設計提供依據和參考。

1. 績效標準設計原則

績效標準一般具有明確具體、可度量、可實現、有時間限制等特點，企業可根據績效標準的特點，根據 SMART 原則設計績效標準，具體說明如圖 1-9 所示：

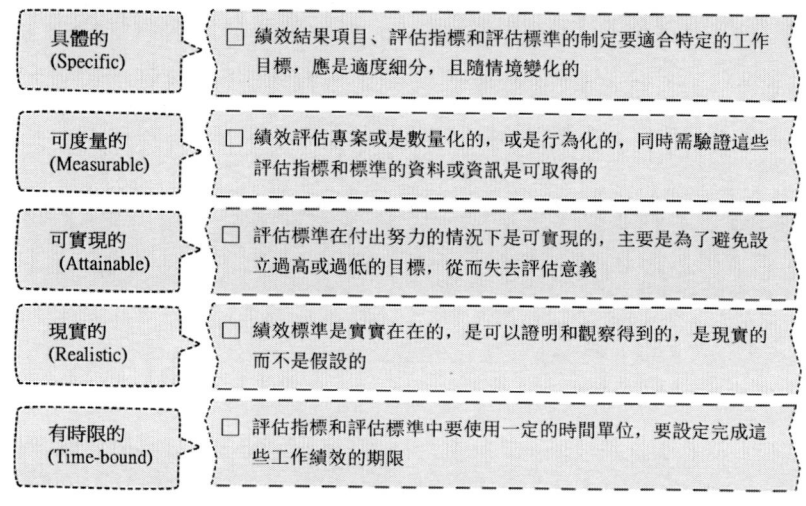

圖 1-9 績效標準設計原則

2. 績效標準設計程序

績效標準設計程序主要包括四步，具體如下：

（1）確定工作目標。工作目標通常由公司的策略目標分解得到，工作目標確定了，才能進行評估指標的分解設置。

（2）提取評估指標。評估指標應與工作目標相關，與職位工作相關。企業需熟悉職位工作流程，瞭解被考核對像在流程中所扮演的角色、肩負的責任以及同上下游之間的關係，根據關鍵工作事項、典型工作行為等提取評估指標。評估指標可以是定量的也可以是定性的。

（3）設計評估標準。評估標準應根據評估指標編制，企業可採取等級描述法，對工作成果或工作履行情況進行分級描述，並對各級別用數據或事實

進行具體和清晰的界定,使被考核對象明確指標各級別達成要求,明確指標達成狀態。

(4) 形成績效標準體系。將工作目標、評估指標、評估標準等填入績效標準範例,形成完整的績效標準體系。

為提高工作標準的合規合理性,提高員工對工作標準的認同度等,企業在具體設計管理標準時應著重注意以下五點事項:

1. 標準高低應適當

當管理標準與工資掛鉤時,員工會因標準過高而反對,而管理人員認為標準過低也會反對,事實上標準過高或過低均不好,它會給制訂計劃、人員安排等工作帶來很多困難,從而給企業帶來損失。

不同的人站在不同立場上會有不同的看法,因此,工作標準的「高」與「低」是一個相對尺度。企業在具體設計標準時應從管理者和員工兩方面考慮,確保標準高低適當。

2. 制定標準要以人為本

反對標準的人員認為,標準缺乏對人的尊重,把人當作機器來制定機械的標準。因此,在「以人為本」思想的指導下,企業可採用「全員參與」等方法制定標準,以獲得員工的理解和支持。

3. 制定標準要進行成本效益評估

制定標準本身要耗費相當的時間、人力和費用,因此,需要預估制定成本與標準所能帶來的收益,評估成本是否低於編制標準帶來的好處。

4. 工作標準要適時修訂

工作標準要適時修訂,避免員工因擔心企業將工作標準提高,即使創造了更好的新工作方法也保密,而難以提高生產率。同時,適時修訂工作標準也可及時對提升工作標準、創造高業績的人員進行正向激勵。

5. 標準內容要全面

工作標準的內容不僅要包括員工的基本工作職責，而且還要包括同其他部門的協作關係、為其他部門服務的要求等，不僅要包括定性的要求，還要有定量的要求。

1.6 管理制度設計要項

管理制度一般按章、條、款、項、目結構表述，內容簡單的可以不分章，直接以條的方式表述。章、條、款、項、目的編寫要點如下：

1.「章」的編寫

「章」要概括出制度所要描述的主要內容，然後透過完全並列、部分並列和總分結合的方式確定各章的標題，根據章標題確定每章的具體內容。

2.「條」的編寫

制度「條」的內容應按圖1-10所示的要求進行編制：

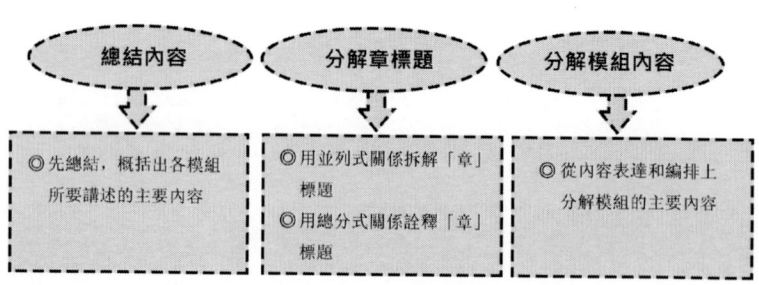

圖1-10 「條」的編寫要求

3.「款」的編寫

「款」是條的組成部分，「款」的表現形式為「條」中的自然段，每個自然段為一款，每一款都是一個獨立的內容或是對前款內容的補充描述。

4.「項」的編寫

「項」的編制可以採用三種方法，即梳理肢解「條」的邏輯關係、直接提取「條」的關鍵詞、設計一套表達「條」的體系。「項」的編寫一定要具體化，透過具體化可以實現以下四個目的：

(1) 給出「目」的編寫範圍；

(2) 控制編寫思路；

(3) 明示編寫人員；

(4) 控制編寫篇幅。

在設計管理制度時，制度設計及編寫人員應注意六點事項，以使設計的制度符合法律法規要求、格式規範、用詞標準、職責明確等，具體如圖 1-11 所示：

管理制度設計注意問題
- 制度設計前應瞭解國家相關法律法規
- 制度的依據、內容需合規合法
- 制定統一的文字檔案格式和書寫要求，需要統一的部分包括結構、內容、編號、圖示、流程、字體、字型大小等
- 制度條文不能包含口頭語言，應使用書面語；制度條款的內容應明確、詳實，便於理解
- 凡涉及兩個部門或多個部門共同管理、操作的業務，在編寫制度內容時要注意分清職責界限，完善跨部門之間的銜接
- 制度是告訴人們在做某件事時應遵循的規範和準則。因此，在設計制度時無須將制度條款涉及的知識點羅列出來或進行知識點介紹

圖 1-11 管理制度設計注意事項

第 2 章 採購計劃管理業務·流程·標準·制度

2.1 採購計劃管理業務模型

採購計劃管理是指企業管理人員在瞭解市場供需情況的基礎上,確定採購需求、編制採購計劃、分解採購計劃、下達採購計劃的過程。其具體業務內容如圖 2-1 所示。

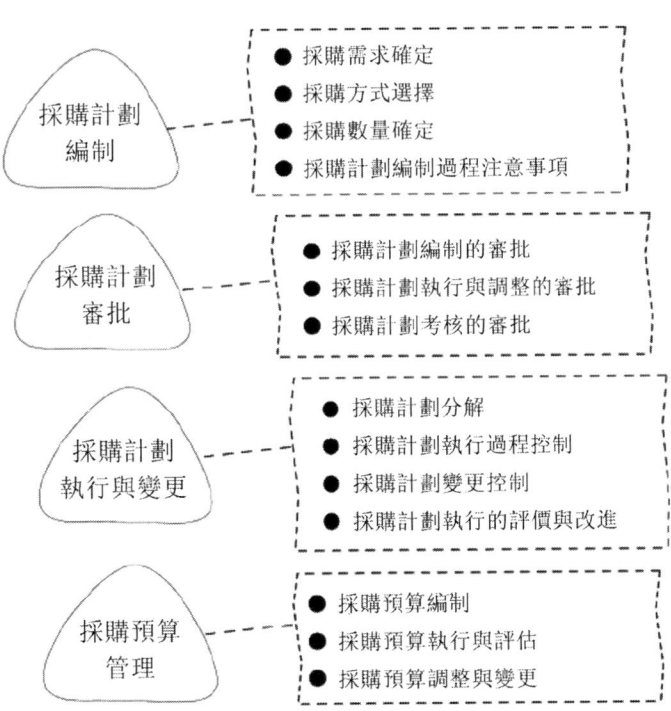

圖 2-1 採購計劃管理業務心智圖

採購計劃的各項業務主要由採購部組織執行。明確採購計劃管理的職責分工有助於規範採購計劃的編制、審批、執行、變更等工作,確保採購計劃

及預算順利推行。表 2-1 為採購部相關人員在採購計劃管理方面的主要職責分工說明表。

表 2-1 採購計劃管理主要工作職責說明表

工作職責	職責具體說明
採購計畫編制	1. 採購部組織需求部門提交採購需求計畫，並與倉儲部核對庫存量，進而匯總、分析實際的採購需求 2. 採購部負責匯總採購需求計劃，根據匯總結果編制採購計畫草案，明確採購物資類別、數量、採購金額、採購方式和採購時間等內容 3. 及時與財務部溝通，進行採購計畫草案的試算平衡，編制正式的採購計畫 4. 審核各部門呈報的採購計畫，統籌策劃和確定採購內容，編制主輔料採購清單
採購計畫審批	1. 採購部各級管理人員須明確自身採購審批權限，在權限範圍內進行審批 2. 採購部各級管理人員嚴格按照企業相關規定展開採購計劃編制的審批、採購執行與調整的審批、採購計畫考核的審批等工作
採購計畫執行與變更	1. 採購部管理人員負責採購計畫分解工作，將採購計畫落實到個人，並做好採購資訊記錄工作 2. 採購人員組織、落實日常採購工作，及時供應生產經營所需的各類物資，定期檢查倉庫的驗收、入庫、發放等工作 3. 採購部須及時審核請購部門提出的採購計畫增補申請，並嚴格審核申請是否符合企業規定，對符合企業規定的增補申請，編制採購計畫增補方案，以便據此組織展開採購作業 4. 採購部經理或稽查人員須對採購計畫的執行情況進行總結、評價，並提出改進意見

表2-1(續)

採購預算管理	1. 採購部在財務部的協助和指導下,採用科學的採購預算編制方法,編制採購預算草案,並將草案報財務部進行綜合的試算平衡,形成正式的採購預算方案 2. 採購部按照採購預算方案執行各項採購工作,實施採購的預防控制和過程控制,有效降低採購成本 3. 在財務的指導和協助下,採購部對採購預算的執行情況進行總結,並制定改進方案 4. 採購部明確採購預算調整與變更的情形,並嚴格按照企業規定進行採購預算調整與變更的審核、審批工作

2.2 採購計劃管理流程

採購計劃管理流程按照並列式結構,可分為以下四個主要流程,主要流程又可進一步細化,具體內容如圖 2-2 所示。

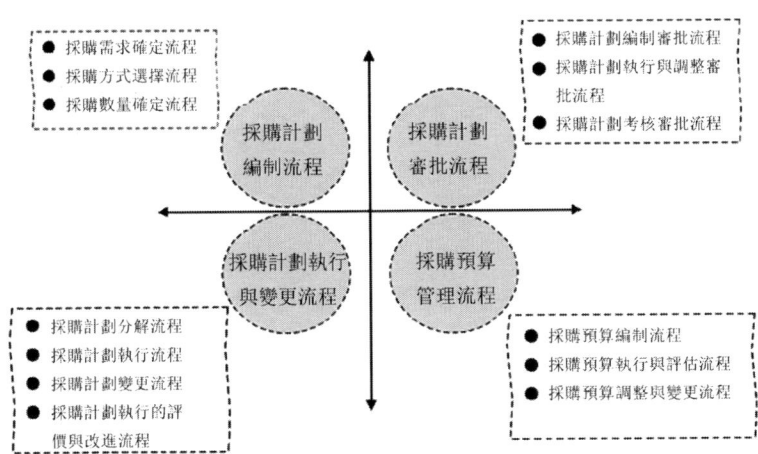

圖 2-2 採購計劃管理主要流程設計導圖

採購需求確定流程如圖 2-3 所示：

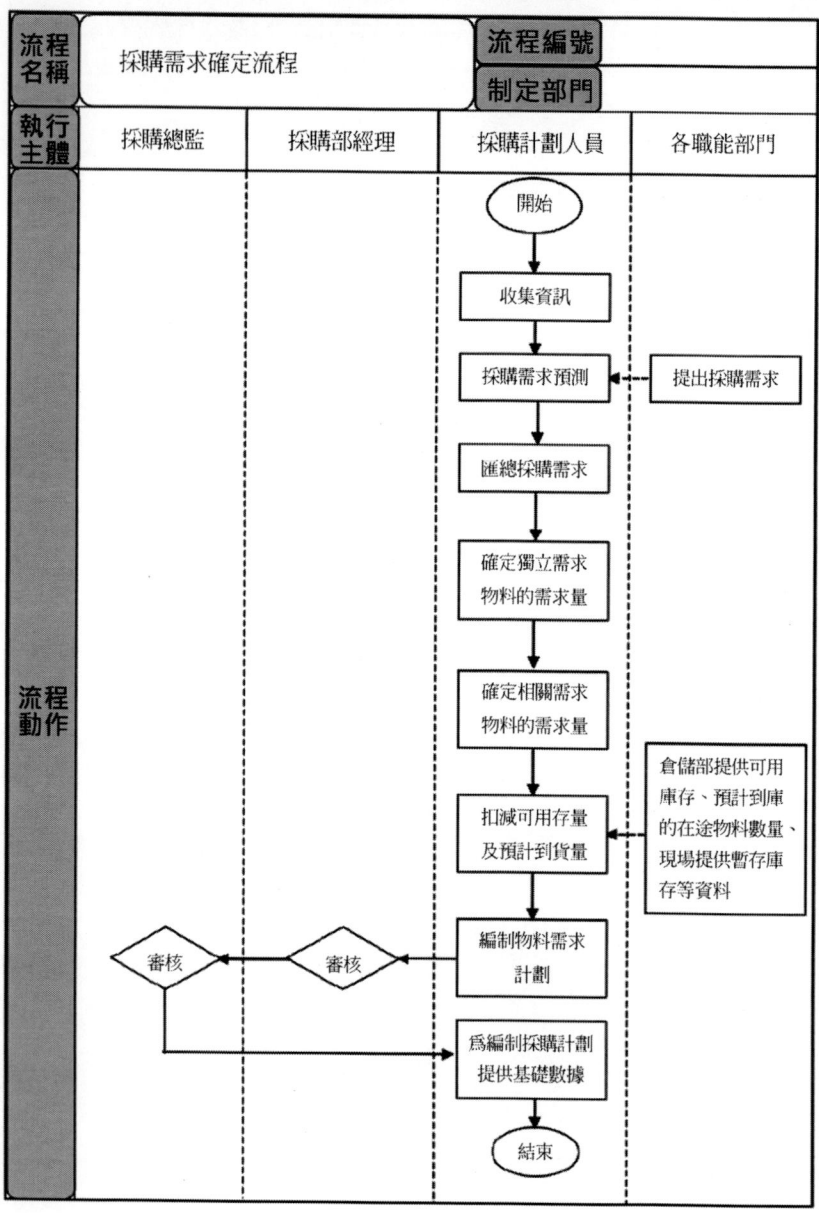

圖 2-3 採購需求確定流程

2.2 採購計劃管理流程

採購方式選擇流程如圖 2-4 所示：

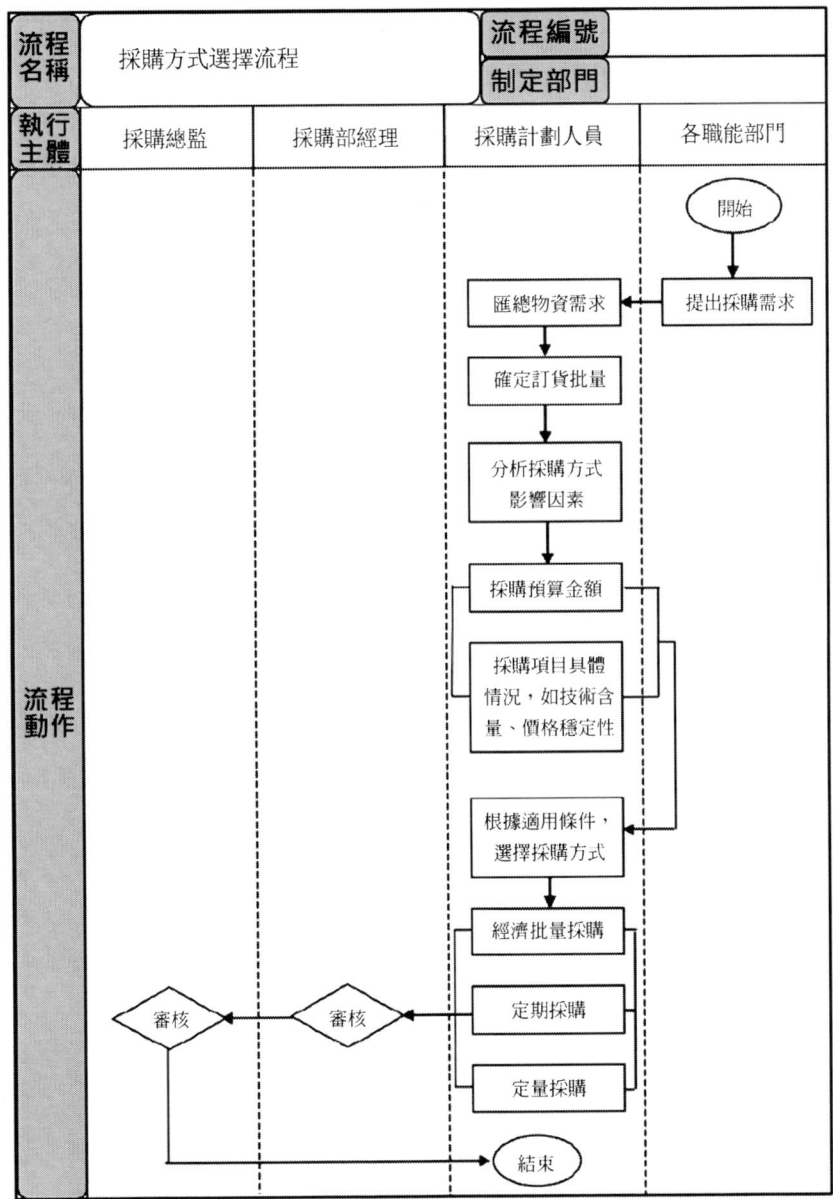

圖 2-4 採購方式選擇流程

第 2 章 採購計劃管理業務·流程·標準·制度

採購計劃編制流程如圖 2-5 所示：

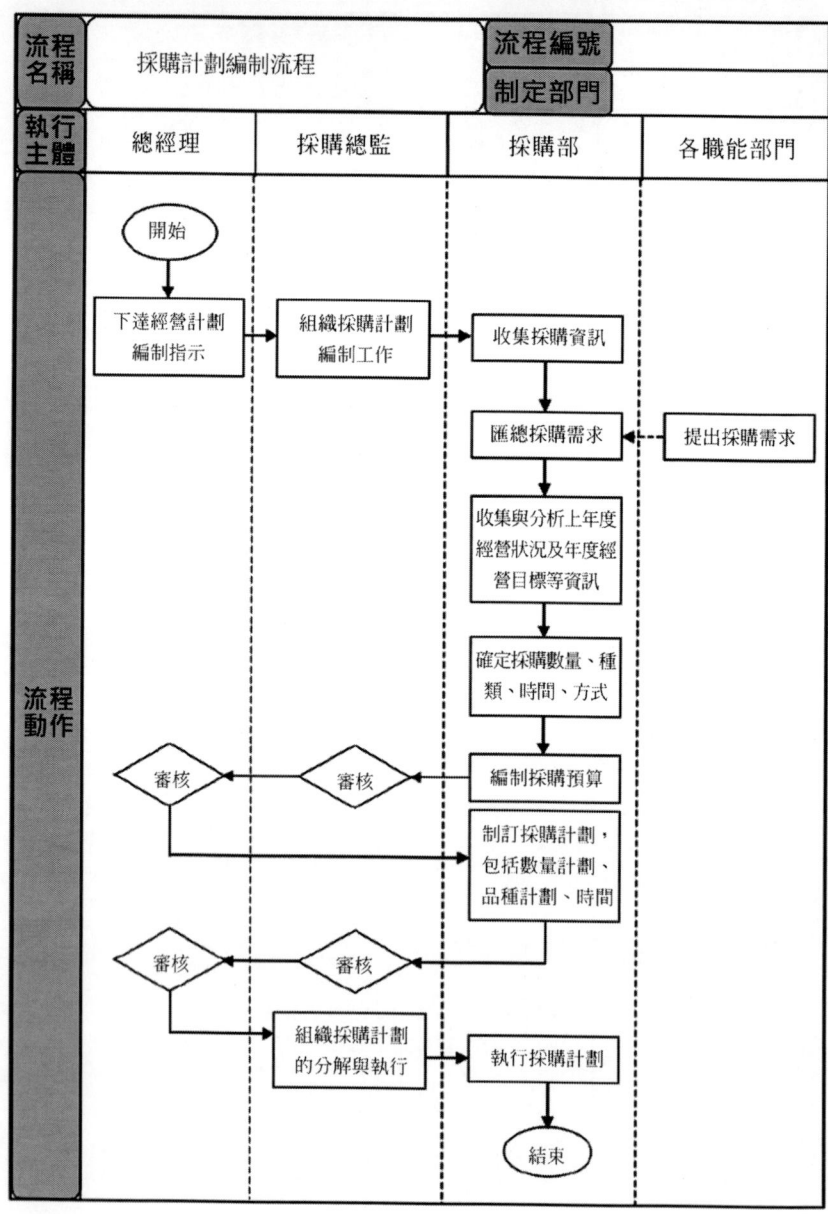

圖 2-5 採購計劃編制流程

2.2 採購計劃管理流程

採購計劃變更流程如圖 2-6 所示:

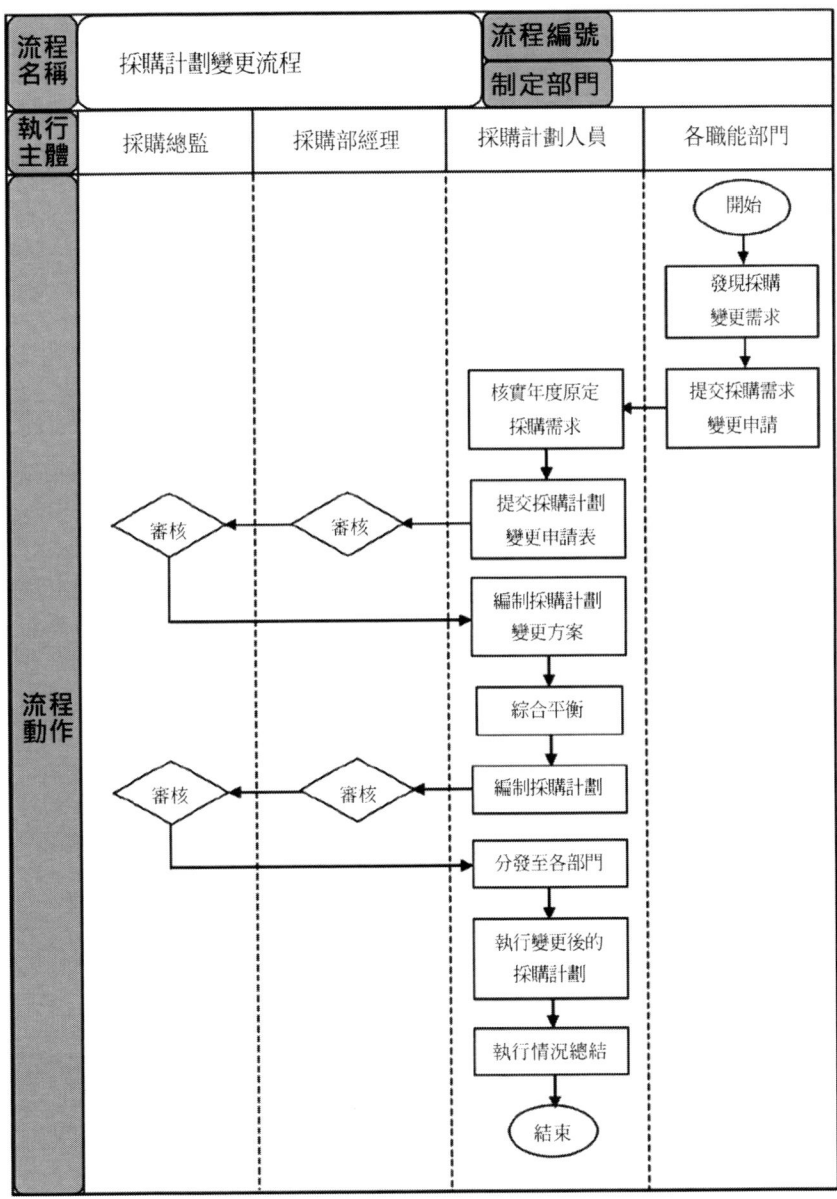

圖 2-6 採購計劃變更流程

2.3 採購計劃管理標準

在執行以下採購計劃管理工作事項時,為保證達成各工作事項的預期成果,採購部經理應在人力資源部的協調、指導下,依如表 2-2 所示的工作標準,組織下屬人員做好自身工作。

表 2-2 採購計劃管理業務工作標準

工作事項	工作依據與規範	工作成果或目標
採購計劃編制	◆採購計劃編制規範 ◆採購需求匯總須知	(1)採購需求預測準確率達到100% (2)採購計劃編制準確率達到100% (3)選擇適宜的採購方式,最大限度上控制採購成本
採購計劃審批	◆採購計劃審批流程 ◆採購計劃審批制度	(1)嚴格按照審批權限執行採購計劃審批工作 (2)對採購計劃調整的審批及時率達到100%
採購計劃執行與變更	◆採購計劃執行制度 ◆採購計劃變更流程	(1)採購計劃分解準確率達到100% (2)採購目標達成率為100% (3)明確採購計劃變更條件及變更審批流程
採購預算管理	◆採購預算管理制度 ◆採購預算編制方法說明	(1)採購預算方案編制及時率達到100% (2)嚴格按照企業各項制度執行採購預算 (3)選擇合適的採購預算編制方法 (4)採購預算調整及時率達到100%

在組織採購計劃管理工作的過程中,採購部經理應根據以下評估指標,對相關工作設定業績評估標準,以便正確地引導下屬成員高效、保質、保量地完成採購計劃相關工作。具體內容如表 2-3 所示。

2.3 採購計劃管理標準

表 2-3 採購計劃管理業務績效標準

工作事項	評估指標	評估標準
採購計劃編制	採購計劃編制及時率	1. 採購計劃編制及時率＝$\dfrac{\text{在規定時間內完成的採購計劃編制工作}}{\text{應完成的採購計劃編制工作}} \times 100\%$ 2. 採購計劃編制及時率應達到__%，每降低__%，則扣除責任人__分，及時率低於__%，本項不得分
採購計劃審批	採購計劃審批出差錯的情況	1. 在考核期內出現1次（含）以上採購計劃越權審批或其他違規事項，為企業造成嚴重損失的，本項不得分 2. 在考核期內出現1次採購計劃越權審批或其他違規事項，但未對企業造成損失，本項得__分 3. 在考核期內未出現採購計劃越權審批等其他違規事項，本項得__分
採購計劃執行與變更	採購計劃完成率	1. 採購計劃完成率＝$\dfrac{\text{考核期內採購總金額（數量）}}{\text{計劃採購金額（數量）}} \times 100\%$ 2. 採購計劃完成率應達到__%，每降低__%，則扣除責任人__分，完成率低於__%，本項不得分
	採購及時率	1. 採購及時率＝$\dfrac{\text{在規定時間內完成的採購訂單數}}{\text{應完成採購訂單總數}} \times 100\%$ 2. 採購及時率應達到__%，每降低__%，扣__分，及時率低於__%，本項不得分
	採購成本降低率	1. 採購成本降低率＝$\dfrac{\text{上期採購成本}-\text{本期採購成本}}{\text{上期採購成本}} \times 100\%$ 2. 採購成本降低率應達到__%，每降低__%，扣__分，採購成本降低率低於__%，本項不得分

表2-3(續)

採購預算管理	採購預算超支率	1. 採購預算超支率= $\dfrac{採購預算金額-實際採購支出金額}{採購預算金額} \times 100\%$ 2. 採購預算超支率應小於____%，每提高____%，則扣除責任人____分，超支率高於____%，本項不得分

2.4 採購計劃管理制度

採購計劃管理制度的編制，主要在於規範採購計劃的編制與執行等日常工作，有助於解決在工作中較常出現的問題。具體問題主要體現在以下 4 個方面，如圖 2-7 所示。

- 採購計劃編制方面的問題 —— ● 未首要確定獨立需求物料的需求數量，導制採購需求不準
- 採購計劃審批方面的問題 —— ● 採購計劃未能及時得到審批
- 採購計劃執行與變更方面的問題 —— ● 採購計劃未經準確地分解
  ● 未根據小額採購、大額採購的特點安排採購員
- 採購預算管理方面的問題 —— ● 採購預算編制不及時，預算資料不準確

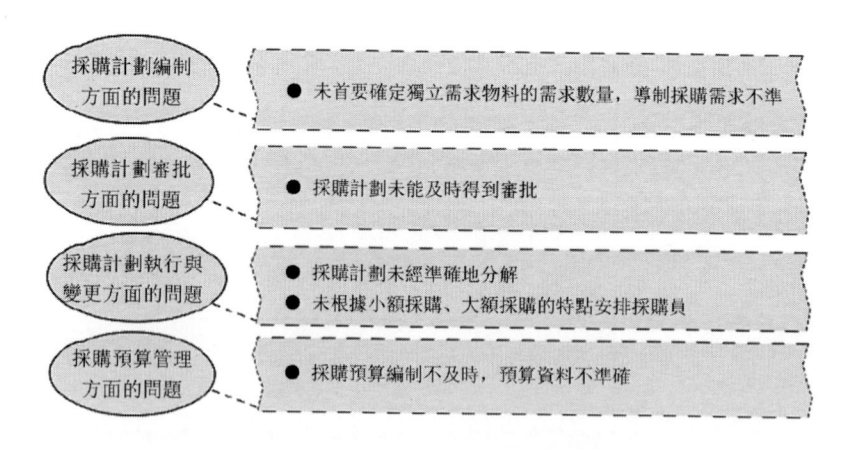

圖 2-7 採購計劃管理制度解決問題導圖

採購計劃管理方案如表 2-4 所示：

2.4 採購計劃管理制度

表 2-4 採購計劃管理方案

制度名稱	採購計劃管理方案	編　　號	
執行部門		監督部門		編修部門	

第一章　總則

第1條　為加強本公司對採購計劃的管理，保證公司各項生產經營活動的順利進行，特制定本辦法。

第2條　本辦法適用於公司所有物資的採購計畫編制、審批、執行與變更的管理工作。

第3條　公司相關部門及人員在採購計劃管理方面的職責分工如下：

1. 採購部負責採購計劃的編制、審核、執行、變更調整及評價改進等工作。

2. 財務部負責對採購計劃進行預算金額的試算平衡，並在採構計劃執行階段劃撥相關款項。

3. 總經理負責對採購計劃進行審批。

第4條　本辦法所涉及的獨立需求物料是指其需求量不受其他物料需求影響的物料，而相關需求物料則相反，其需求量受其他物料需求的影響。

第二章　採購計畫的編制與審批

第5條　採購部匯總各部門的物資需求，編制物資需求匯總表，結合公司上期生產銷售情況和本年度經營目標，確定本期採購需求，匯總、編制採購需求計劃。

第6條　本期採購需求的確定步驟說明如下所示：

1. 採購部根據各部門提交的物資需求表，配合需求預測確定獨立需求物料的需求數量，採用定量訂貨模型或定期訂貨模型確定訂購批量和訂購點。

2. 確定獨立需求物料的需求數量後，應進一步確定相關需求物料的需求數量，相關需求物料數量可採用訂貨點法，也可以按照相關產品的需求量

表2-4(續)

進行分解。

3.確定上述兩類物資需求數量後,應根據庫存狀況及在途物資狀況,確定採購需求數量。

第7條 採購部根據採購需求計劃編制採購計劃草案,草案中包括採購物資類別、數量、採購金額、擬採用的採購方式以及採購實施的具體時間安排等內容。

第8條 本公司常用的採購方式及其適用條件如下表所示:

採購方式說明表

採購方式	說明	適用條件
談判採購	透過談判,採購雙方就採購物資品質、數量、物價水準、運輸條件、結算方式達成一致,簽訂採購合約	適用於生產過程中不可或缺的、價格穩定的物資
詢價採購	向三家以上的供應商發出詢價單,選擇供應商	適用於小金額、標準物資的採購
招標採購	以公開招標的方式進行供應商選擇,並簽訂採購合同	適用於金額較大的、成套設備或工程的採購
直接採購	直接向指定供應商發送訂單進行採購	適用於配套續購或具有特殊條件的關鍵部件的採購

第9條 採購數量的影響因素主要包括生產需求量、採購批量大小與價格的關係、庫存狀況、採購支出承受能力、採購物資的特性、市場動態等。本公司常用的採購數量確定方法如下表所示:

採購數量確定方法表

方法名稱	說明
經驗估計法	●根據公司生產技術工作的實際經驗,參考有關技術文件、生產計劃條件變化等因素確定物資消耗定額的方法,計算公式為: 物資消耗定額 = $\dfrac{最小消耗量 + 4 \times 一般消耗量 + 最多消耗量}{6}$ ●經驗估計法適用於小批量、單件的物資採購,也可在技術資料、統計資料不全的情況下使用

2.4 採購計劃管理制度

表2-4(續)

物資需求計劃法	●利用主要生產計劃、物資清單、已訂購但未交貨量、庫存量、採購提前期等資料計算採購物資數量，計算公式為， 物資需求量=物資毛需求量+已分配物資量 物資淨需求量=物資毛需求量+已分配物資量-現有庫存物資量-計劃採購物資量 物資可用存貨量=現有庫存物資量+預計到貨的物資量
經濟訂購批量法	●透過平衡採購進貨成本費用和保管倉儲成本費用，實現總庫存成本最低的最佳訂貨量，計算公式為：採購數量＝$\sqrt{\dfrac{2\times 每次訂購費用\times 年需求量}{單位物資成本\times 庫存成本}}$

第10條 採購部編制好的採購計劃草案，需提交給財務部進行預算金額的試算平衡，並將試算平衡後的採購計劃草案上交採購總監審核，總經理審批。

第11條 採購計劃在編制的過程中，應注意以下4點事項：

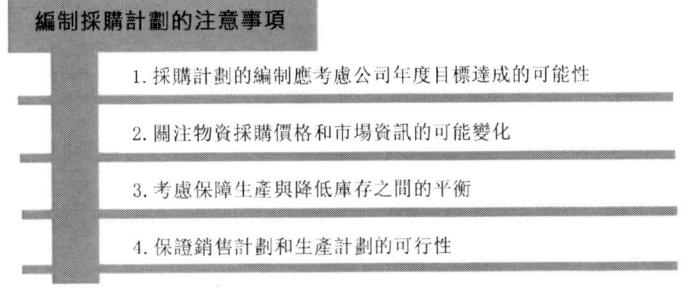

編制採購計劃的注意事項

1. 採購計劃的編制應考慮公司年度目標達成的可能性
2. 關注物資採購價格和市場資訊的可能變化
3. 考慮保障生產與降低庫存之間的平衡
4. 保證銷售計劃和生產計劃的可行性

編制採購計劃的注意事項

第三章 採購計劃的執行與變更

第12條 採購計劃主管將採購計劃按照時間和職位進行分解，將採購任務分配到各崗位，向採購人員說明採購品種、數量、價格、期限和供應商等資訊，採購部做好採購過程中的資訊記錄工作，採購計劃主管對採購計劃的執行情況進行監督。

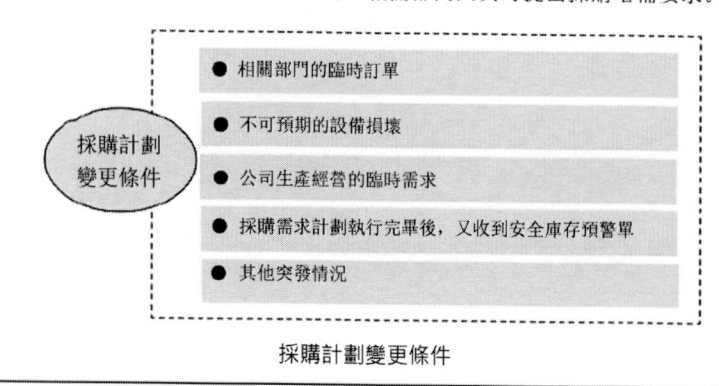

表2-4(續)

第13條 採購部應判斷採購作業是否屬於大額採購，對兩種採購作業採取不同的執行方法。

　1. 大額採購：由採購經理簽發採購控制書，報經總經理審批後執行計劃。

　2. 小額採購：由採購經理直接安排採購。

第14條 在採購計劃執行過程中，應遵循以下三方面要求：

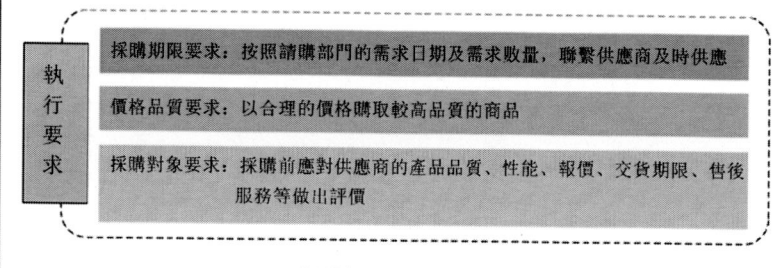

執行要求	
採購期限要求：	按照請購部門的需求日期及需求數量，聯繫供應商及時供應
價格品質要求：	以合理的價格購取較高品質的商品
採購對象要求：	採購前應對供應商的產品品質、性能、報價、交貨期限、售後服務等做出評價

採購計劃執行要求

第15條 若在執行過程中出現異常情況，採購計劃責任人應及時調整採購預算與計劃，並上報採購總監審核，總經理審批。

第16條 對於預算內的採購計劃，採購經理給予審核後，交財務部進行審核，並由財務部劃撥相應款項，由採購部實施採購；對於預算外的採購計劃，採購經理應將其提交總經理進行審批，送財務部進行核准並實施。

第17條 各請購部門在發現採購物資不能滿足業務需求時，應編制「物資增補計劃申請表」，經部門經理簽字後提交採購部。

第18條 如出現以下情形之一的，相關部門人員可提出採購增補要求。

採購計劃變更條件	
●	相關部門的臨時訂單
●	不可預期的設備損壞
●	公司生產經營的臨時需求
●	採購需求計劃執行完畢後，又收到安全庫存預警單
●	其他突發情況

採購計劃變更條件

2.4 採購計劃管理制度

表2-4(續)

第19條 採購部對各部門提交的「物資增補計劃申請表」進行審核，確認該申請表是否符合公司規定，如不符合規定，採購部有權駁回物資增補申請。

第20條 如缺貨情況屬實，採購部應及時編制說明文件，說明增補物資需求的原因及以採購物資的使用情況，上報採購總監、財務部審核，總經理審批。

第21條 如審核通過，採購計劃責任人編制「採購計劃增補方案」，採購計劃增補方案中應明確增補物資的數量、規格、金額、採購時間等內容。同時，採購計劃責任人應分析計劃增補對現有計劃及業務的影響，編制增補採購計劃可行性分析報告。如審批未通過，採購部有權駁回部門申請。

第22條 增補採購計劃制訂完成後，採購部將其發送至請購部門，作為實施採購增補的依據。

第23條 採購計劃執行完畢後，採購經理負責對執行情況進行評價，提出改進意見，操作步驟如下。

第1步 採購部對採購計劃執行工作進行總結，在規定時間內完成「採購計劃工作報告」的編制，上報採購經理審批

第2步 採購經理對採購計劃工作總結進行分析研究，結合對採購過程的監督、檢查，參考總經理和其他相關部門意見，對採購計劃的執行情況做出評價

第3步 採購部其他員工根據採購經理回饋的評價結果制定相應的採購執行改進方案，提交採購經理、總經理審批，審批通過後執行改進

採購計劃執行的評價與改進

第四章 附則

第24條 本制度報總經理審批通過後，自頒布之日起實施。

第25條 本制度由採購部負責制定，每年修訂一次，其解釋權歸採購部所有。

編制日期		審核日期		批准日期	
修改標記		修改處數		修改日期	

採購計劃審批制度如表 2-5 所示：

表 2-5 採購計劃審批制度

制度名稱	採購計劃審批制度		編　　號	
執行部門		監督部門		編修部門	

第一章　總則

第1條　為規範採購計畫在編制、執行、調整等工作過程中的審批事宜，特制定本制度。

第2條　本制度適用於對採購計畫編制、執行與調整及考核等工作中，以及過程文檔的審批工作。

第3條　採購總監、總經理負責採購計畫的審批，採購部及各申購部門為採購計畫的執行機構。

第二章　對初編採購計畫的審批

第4條　總經理負責對採購部提交的年度採購計畫進行審批，採購總監、採購經理負責季度、月度採購計畫的審批。

第5條　對編制完成的採購計畫，其審核內容主要包括以下四項：

1. 採購計畫與公司生產經營計畫的吻合度。
2. 採購目標是否合理，採購工作是否遵循成本最優原則。
3. 物資消耗定額、物資採購批量是否準確，庫存儲備量是否適當。
4. 採購計劃表中的內容是否符合規定要求。

第三章　對採購計畫執行與調整的審批

第6條　在採購計畫執行過程中，涉及的審批事項如下：

1. 採購計畫責任人分解年度採購計畫，請購部門經理對請購需求進行簽字批准。
2. 採購計劃責任人審核請購需求是否在年度採購計畫內，不在計劃內

表 2-5（續）

的採購申請應立即上報採購經理審批。

第7條　在採購計畫調整過程中，涉及的審批事項如下：

1. 對已經審批的採購物資，請購部門如需變更物資規格、數量或撤銷採購申請，應及時上報採購部審批，以便採購部更改採購計畫。

2. 在增補採購需求計畫時，各請購部門應編制「增補需求計畫申請表」，經部門經理審批簽字後，上報採購部審核，審核通過後編制「採購計劃增補方案」。

3. 「採購計畫增補方案」經採購經理、財務部、總經理審批通過後，採購部須將其歸返給請購部門，以示相應物資即將進入採購執行環節。

第四章　對採購計畫考核結果的審批

第8條　採購部定期編制「採購計畫執行情況報告」，上交採購經理、採購總監審核，總經理審批，並由採購總監對報告進行分析，編制「採購計劃執行情況分析」。

第9條　採購總監根據分析結果編制獎懲方案，交由總經理審批，對相關人員進行獎懲。

第五章　附則

第10條　如本公司現有制度與本制度衝突，應以本制度為準。

第11條　本制度由採購部負責制定與解釋工作，經總經理審批通過後實施。

編制日期		審核日期		批准日期	
修改標記		修改處數		修改日期	

第 2 章 採購計劃管理業務·流程·標準·制度

採購預算管理制度如表 2-6 所示：

表 2-6 採購預算管理制度

制度名稱	採購預算管理制度		編　號	
執行部門		監督部門		編修部門

第一章　總則

第1條　為加強本公司對採購預算的管理，提高資金利用率，降低採購成本，特制定本制度。

第2條　本制度適用於採購預算的編制、執行與評估、變更與調整等工作。

第3條　公司各部門在採購預算管理方面的權責分工如下：

1. 採購部負責組織編制採購預算，並監督、控制採購預算的執行。
2. 財務部負責協助採購部制定採購預算，對公司整體預算進行整合。
3. 總經理辦公室負責下達相關工作計劃，並對採購預算進行審批。

第二章　採購預算編制

第4條　公司各部門根據公司經營計劃和部門實際情況提出物資採購需求。

第5條　採購部及時匯總各部門提出的採購需求，編制「採購需求匯總表」。

第6條　採購部對比分析物資庫存情況與各部門的採購需求，結合公司上年度生產狀況、銷售狀況及本年度經營目標，確定年度採購需求，並根據採購需求狀況、庫存狀況，制訂採購計畫。

第7條　採購計畫人員在財務部的協助下，選擇適宜的採購預算方法、提出準確預算數字、確定採購數量，制定採購預算草案，上報公司財務部審核。

第8條　採購部應採用目標資料和歷史資料相結合的方式確定預算數字，對預算留有適當的餘量，以應對可能出現的緊急情況。

表2-6(續)

第9條 採購預算編制方法具體如下所示：

採購預算編制方法

編制方法	說明
固定預算	● 以預算期內正常的、可實現的某一業務量水準為基礎進行預算編制 ● 適用於固定費用或數額比較穩定的預算項目
零基預算	● 不考慮以往情況，根據未來一定時期的採購需求，確定採購預算是否有支出的必要及支出數量的大小
概率預算	● 估計預算發生變化的概率，判斷和估算各種因素的變化趨勢、範圍、結果，進行調整，計算期望值的大小
滾動預算	● 在編制採購預算時，將採購預算期與會計期間脫離，隨著採購預算的執行不斷補充預算，逐期向後滾動，使採購預算期間始終保持在一個固定的長度，一般為12個月

第10條 財務部在充分考慮公司現實資金狀況、市場狀況、整體預算的基礎上，對採購預算草案進行綜合平衡。

第11條 採購部編制正式的採購預算方案，上呈採購總監審核，總經理審批，並根據上級的意見對預算方案進行修改。

第12條 採購部按照以下三個步驟對採購預算草案進行完善：

1.確定預算偏差範圍	採購部根據行業平均水準、以往經驗、公司實際情況選定預算偏差範圍
2.計算預算偏差值	為控制、確保採購工作的順利開展，應比較採購實際支出和採購預算支出的差距
3.調整不當預算	若預算偏差值超出規定的範圍，採購部應及時分析原因，修改預算

採購預算完善步驟

第13條 採購預算專員於每月1～5日根據以下資料，結合採購預算結果、月底物資庫存量、安全庫存量、採購提前期等因素，編制月度採購預算。

第14條 採購預算專員根據歷史交易價格、供應商到貨資訊，在「月度

表2-6（續）

採購預算農」中填寫價格資訊和預計到貨日期後，提交正式月度採購預算，經採購經理審核後，上報總經理審批。

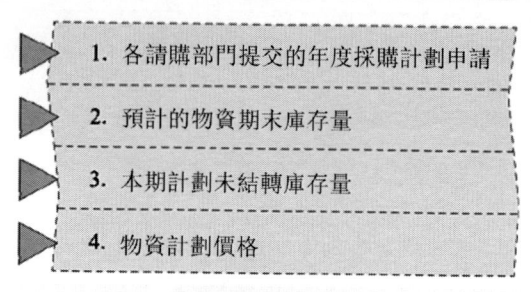

1. 各請購部門提交的年度採購計劃申請
2. 預計的物資期末庫存量
3. 本期計劃未結轉庫存量
4. 物資計劃價格

採購預算編制依據

第15條 採購部實施採購預算計劃內外的採購應注意以下兩點：

1. 採購部應將採購預算提交採購經理審核、總經理審批。

2. 採購部將審批通過的採購預算送至財務部進行核准，由財務部劃撥款項。

第三章 採購預算執行與評估

第16條 採購部應嚴格按照審批通過的採購預算執行採購工作，並根據採購物資的使用情況、需求情況、採購頻率、價格穩定性等因素，選擇最優的採購方式。

第17條 為在保證採購品質的同時控制採購支出，採購部在執行採購預算的過程中，應遵循以下要求：

1. 採購人員應對供應商的產品品質、性能報價、交貨期限、售後服務等進行綜合評價，擇優選擇供應商。

2. 採購時應以合理價格取得品質較好的物資。

3. 採購人員應根據請購部門的需求數量、需求日期及時與供應商聯繫，降低公司缺貨成本。

第18條 經核定的分期採購預算，如當期未動，不得保留，若確有需要，下期補辦相關手續。

第19條 對於未列入預算的緊急採購，請購部門應及時追加補辦相關

表2-6(續)

手續。

第20條　採購經理在採購預算執行後對採購預算執行工作進行總結，編制「採購預算執行情況總結報告」，提交採購總監審核。採購總監應根據「採購預算執行情況總結報告」，對採購過程的監督、檢查及其他部門的意見，對採購預算執行情況進行評估，並提出改進意見。

第21條　採購部根據採購總監的改進意見制定「採購執行改進方案」，提交採購總監審核、總經理審批，審批通過後執行改進。

第四章　採購預算調整與變更

第22條　採購預算一經公司總經理審批，須嚴格遵守執行，一般不允許調整與變更。如發生下列五種情形之一的，預算執行部門才可執行採購預算調整申請工作。

1. 公司經營方向發生改變
2. 市場經濟形勢發生重大變化，導致採購預算需調整
3. 發生重大政治、經濟事件、宏觀政策調整
4. 受重大自然災害影響
5. 公司內部重大政策調整

採購預算允許調整與變更的五種情況

第23條　採購預算調整.變更審批程序與採購預算編制的審批程序一致，不得私自更改。

第24條　採購部對各部門提交的「採購預算變更申請表」進行審核，分析採購預算變更原因，當滿足以下四項條件時，方能批准採購預算的變更：

1. 採購預算的變更有助於保障公司採購策略計畫的執行，有利於實現公司經營目標。
2. 採購預算的變更有助於協調公司各部門間的合作。
3. 採購預算的變更有助於合理、高效地進行資源配置。
4. 採購預算的變更有助於加強對公司物流成本的監督和控制。

表2-6(續)

第25條 各部門提交「採購預算變更申請表」時，應將下列明細事項填寫完整，請購部門名稱、部門連絡人電話、請購日期、原請購單編號、請購物資名稱、規格、變更數量、物資採購變更原因、部門經理簽名與蓋章。

第26條 採購部在整體掌控採購預算的前提下，將審批通過的「採購預算變更申請表」提交至採購總監或總經理審批。

1. 200萬元以下的採購預算變更，由採購總監負責審批。
2. 200萬元(含)以上的採購預算變更，由總經理負責審批。

第27條 採購部根據變更後的預算展開採購工作。

第五章 附則

第28條 本制度每年度由採購部負責根據公司實際經營情況進行修訂。

第29條 本制度報總經理、採購總監審核通過後，自＿＿年＿＿月＿＿日起生效。

編制日期		審核日期		批准日期	
修改標記		修改處數		修改日期	

第 3 章 供應商管理業務·流程·標準·制度

3.1 供應商管理業務模型

供應商是指直接向買方企業提供原料、商品及相應服務的企業及其分支機構、零售商等,供應商管理是買方企業對供應商進行選擇、認證、評估、支持與激勵等一系列工作的總稱。

企業採購工作若按下列導圖中列示的關鍵工作事項執行供應商管理工作,有助於優化企業採購過程,保障企業物資供應,具體內容如圖 3-1 所示。

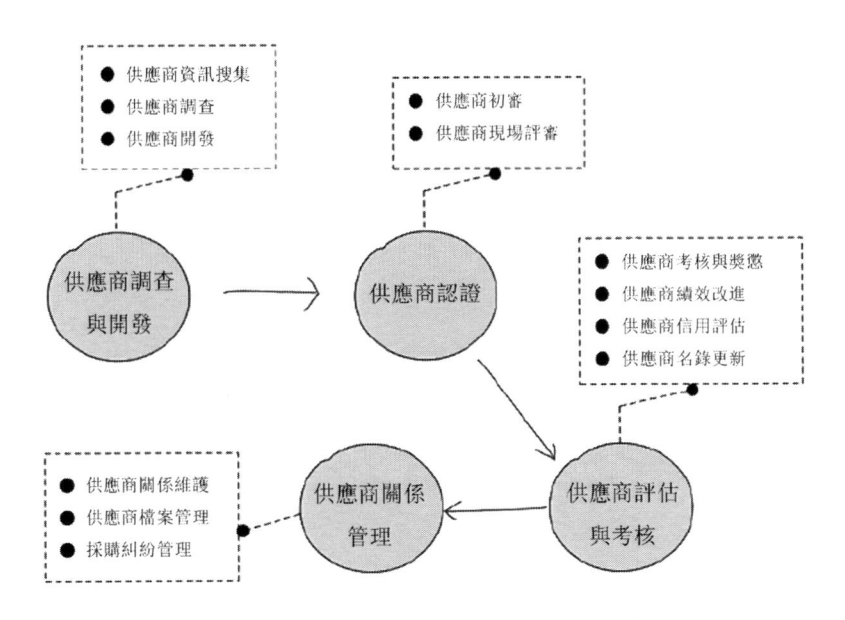

圖 3-1 供應商管理業務心智圖

供應商管理的各項業務主要由採購部組織、領導,而生產部、技術部、品管部、市場部及法務部等相關的各職能部門須配合採購部,做好供應商的選擇、認證等初期篩選以及供應商績效評估工作。

第 3 章 供應商管理業務·流程·標準·制度

明確供應商管理工作職責有助於規範企業供應商管理流程，保障企業所採購物資的質量水平，降低採購風險，提高企業經濟效益。表 3-1 為企業採購部及相關職能部門在執行供應商管理過程中的主要職責分工。

表 3-1 供應商管理主要工作職責說明表

工作職責	職責具體說明
供應商調查與開發	1.採購人員分析市場行情，了解市場競爭情況，搜集、匯總供應商資訊 2.採購人員制訂、實施供應商調查與開發計劃，由採購部各級主管負責對計劃的執行情況進行監督
供應商認證	1.採購人員須根據企業事先設定的供應商初審標準，對供應商進行初步篩選，擬定候選供應商名單 2.採購部組織品管部、技術部等相關部門對通過初審的供應商實施現場評審，驗證供應商樣品，並根據現場評審結果和驗證結果編制「供應商調查報告」，確定通過初審的供應商是否嚴格符合企業供應商標準 3.供應商管理人員負責供應商資料的存檔工作
供應商評估與考核	1.採購人員負責建立供應商績效評估體系，制訂考核計劃 2.採購人員負責供應商考核的實施，並根據考核結果擬定、實施獎懲方案 3.採購人員負責對供應商的日常監督工作，追蹤供應商績效整改情況，根據考核結果更新供應商名錄
供應商關係管理	1.供應商管理人員及檔案管理人員負責建立、保管供應商檔案，並及時收錄、更新供應商檔案 2.供應商管理人員負責掌握最新的市場發展動向，定期拜訪供應商，與其保持良好合作關係 3.法律部協助採購部處理與供應商的採購糾紛

3.2 供應商管理流程

供應商管理流程按照並列式結構，可分為供應商調查與開發流程、供應商認證流程、供應商評估與考核流程、供應商管理流程四個主要流程，具體內容如圖 3-2 所示。

供應商調查與開發管理
- 供應商資訊搜集流程
- 供應商開發流程
- 供應商調查工作流程

供應商認證管理
- 供應商初審流程
- 供應商樣品批准流程
- 供應商現場評審流程

供應商評估考核管理
- 供應商考核與獎懲流程
- 供應商名錄更新工作流程
- 供應商績效改進流程

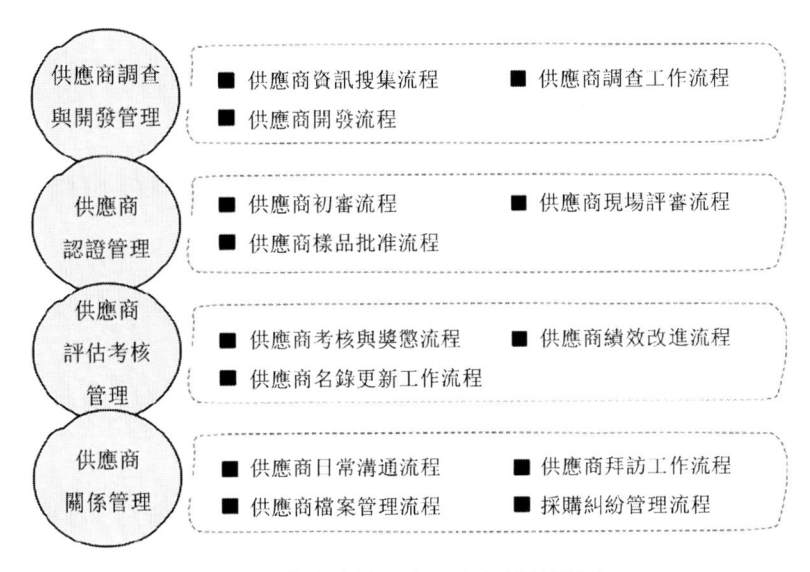

供應商關係管理
- 供應商日常溝通流程
- 供應商檔案管理流程
- 供應商拜訪工作流程
- 採購糾紛管理流程

圖 3-2 供應商管理主要流程設計導圖

供應商調查工作流程如圖 3-3 所示：

第 3 章 供應商管理業務·流程·標準·制度

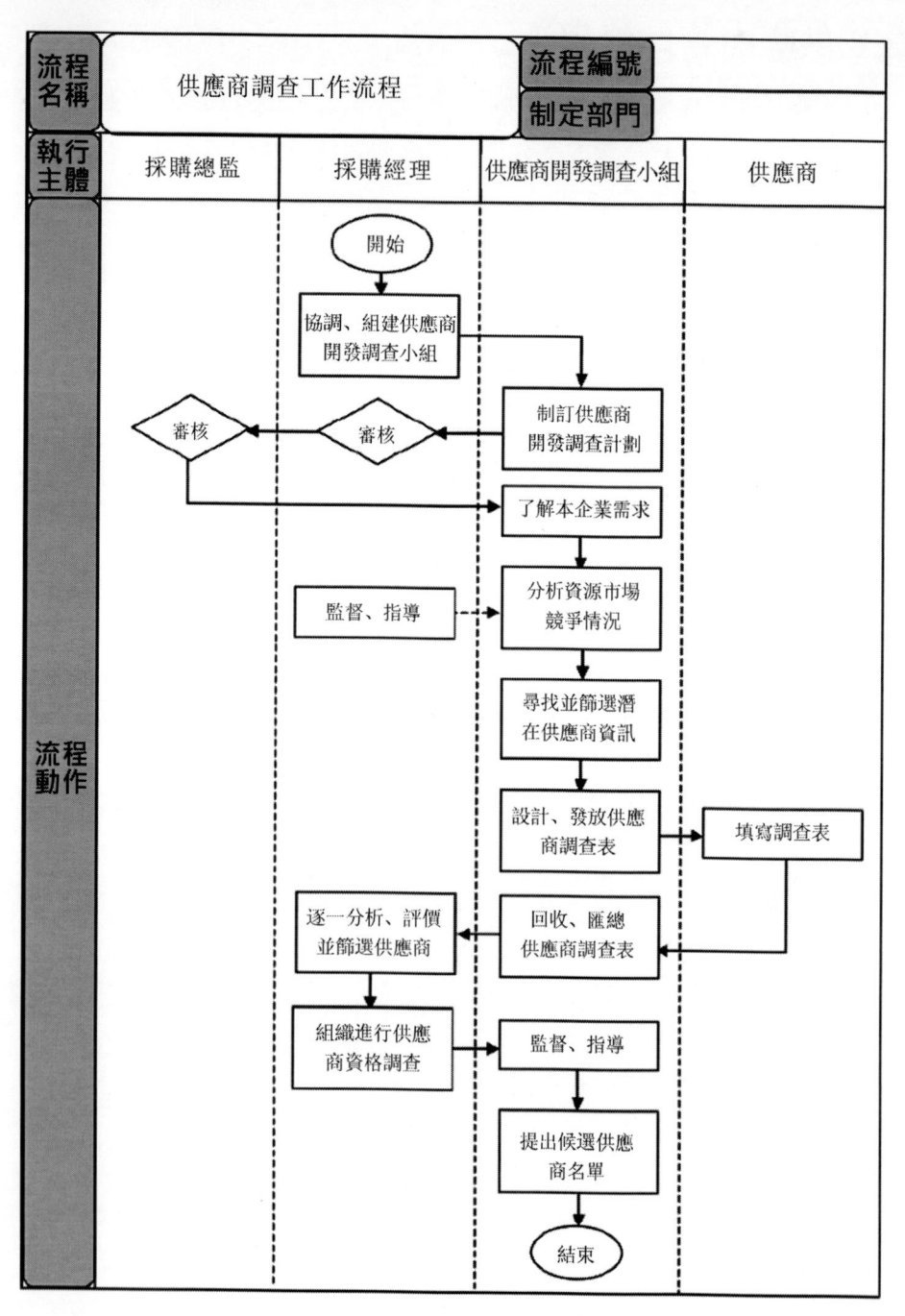

流程名稱	供應商調查工作流程		流程編號	
			制定部門	
執行主體	採購總監	採購經理	供應商開發調查小組	供應商
流程動作	審核	開始 → 協調、組建供應商開發調查小組 → 審核 → 監督、指導 → 逐一分析、評價並篩選供應商 → 組織進行供應商資格調查	制訂供應商開發調查計劃 → 了解本企業需求 → 分析資源市場競爭情況 → 尋找並篩選潛在供應商資訊 → 設計、發放供應商調查表 → 回收、匯總供應商調查表 → 監督、指導 → 提出候選供應商名單 → 結束	填寫調查表

圖 3-3 供應商調查工作流程

3.2 供應商管理流程

供應商評審實施流程如圖 3-4 所示：

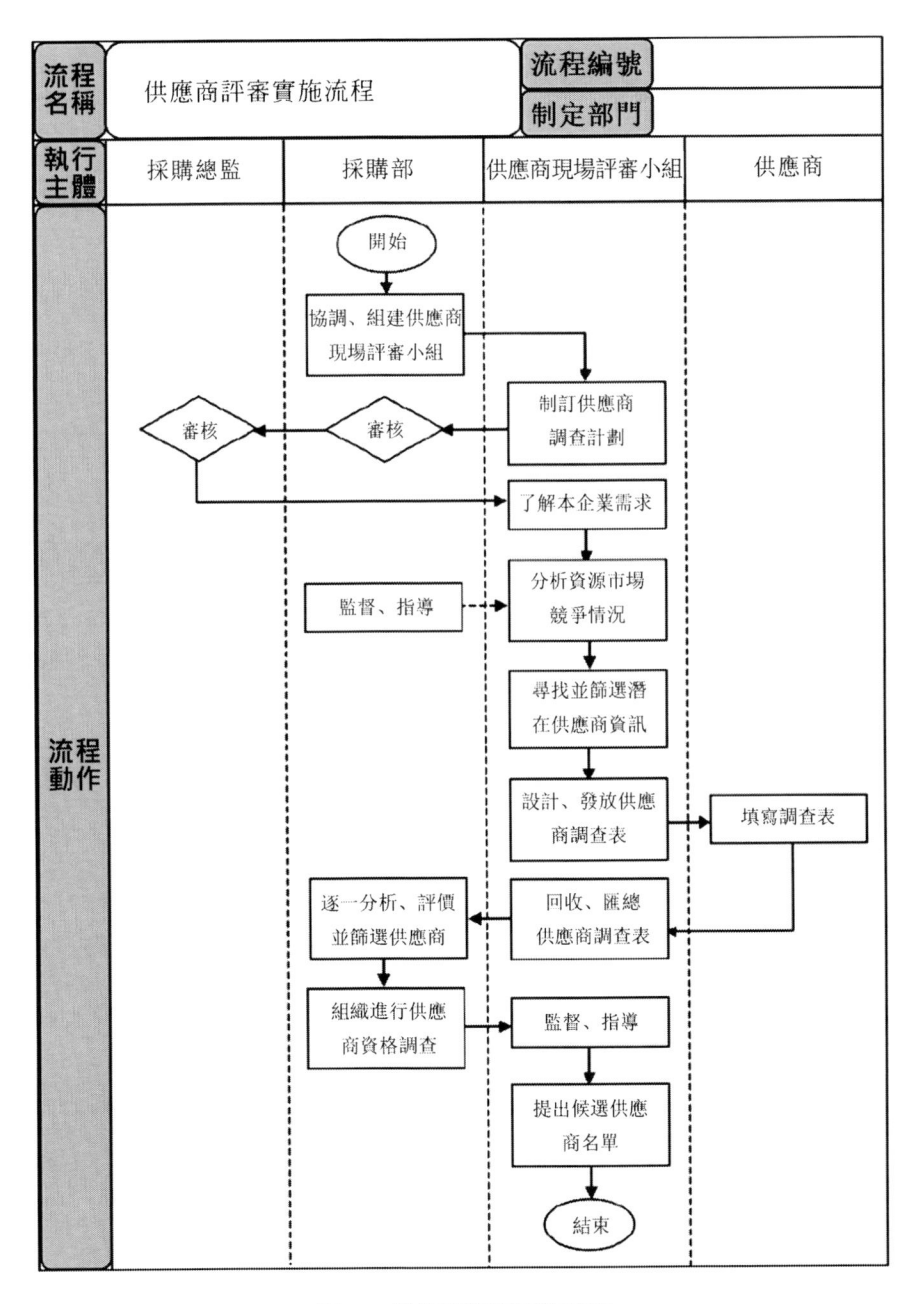

流程名稱	供應商評審實施流程		流程編號	
			制定部門	
執行主體	採購總監	採購部	供應商現場評審小組	供應商

流程動作：

- 開始
- 協調、組建供應商現場評審小組
- 審核（採購總監）← 審核（採購部） ← 制訂供應商調查計劃
- 了解本企業需求
- 監督、指導 ⇢ 分析資源市場競爭情況
- 尋找並篩選潛在供應商資訊
- 設計、發放供應商調查表 → 填寫調查表
- 逐一分析、評價並篩選供應商 ← 回收、匯總供應商調查表
- 組織進行供應商資格調查 → 監督、指導
- 提出候選供應商名單
- 結束

圖 3-4 供應商評審實施流程

第 3 章 供應商管理業務·流程·標準·制度

供應商績效改進流程如圖 3-5 所示：

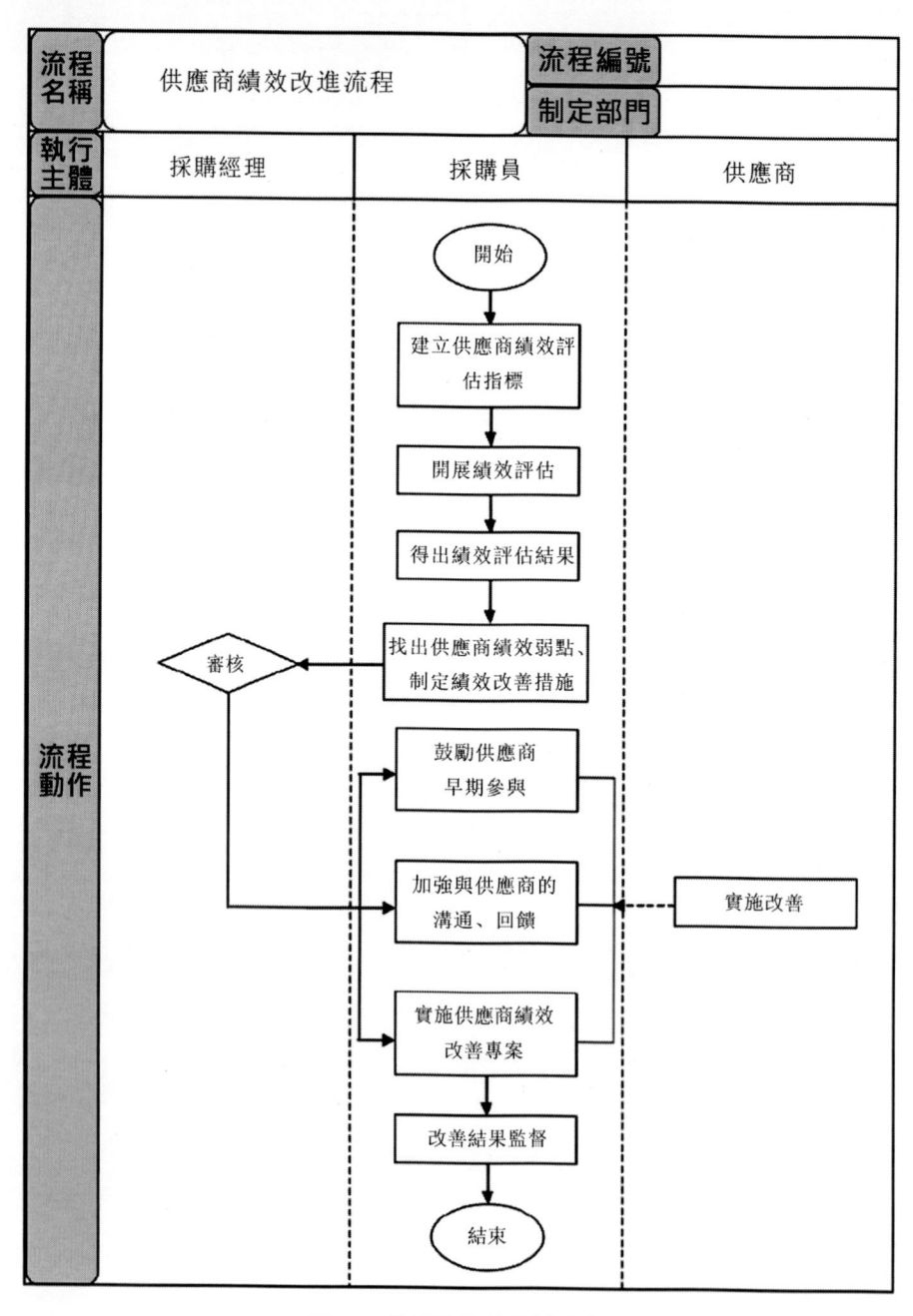

流程名稱	供應商績效改進流程		流程編號	
			制定部門	
執行主體	採購經理	採購員		供應商

```
                    開始
                      ↓
              建立供應商績效評估指標
                      ↓
                開展績效評估
                      ↓
              得出績效評估結果
                      ↓
    審核  ←    找出供應商績效弱點、
                制定績效改善措施
      ↓             
              鼓勵供應商早期參與
                      ↓
              加強與供應商的溝通、回饋  ←---  實施改善
                      ↓
              實施供應商績效改善專案
                      ↓
                改善結果監督
                      ↓
                     結束
```

圖 3-5 供應商績效改進流程

3.2 供應商管理流程

供應商名錄更新流程如圖 3-6 所示：

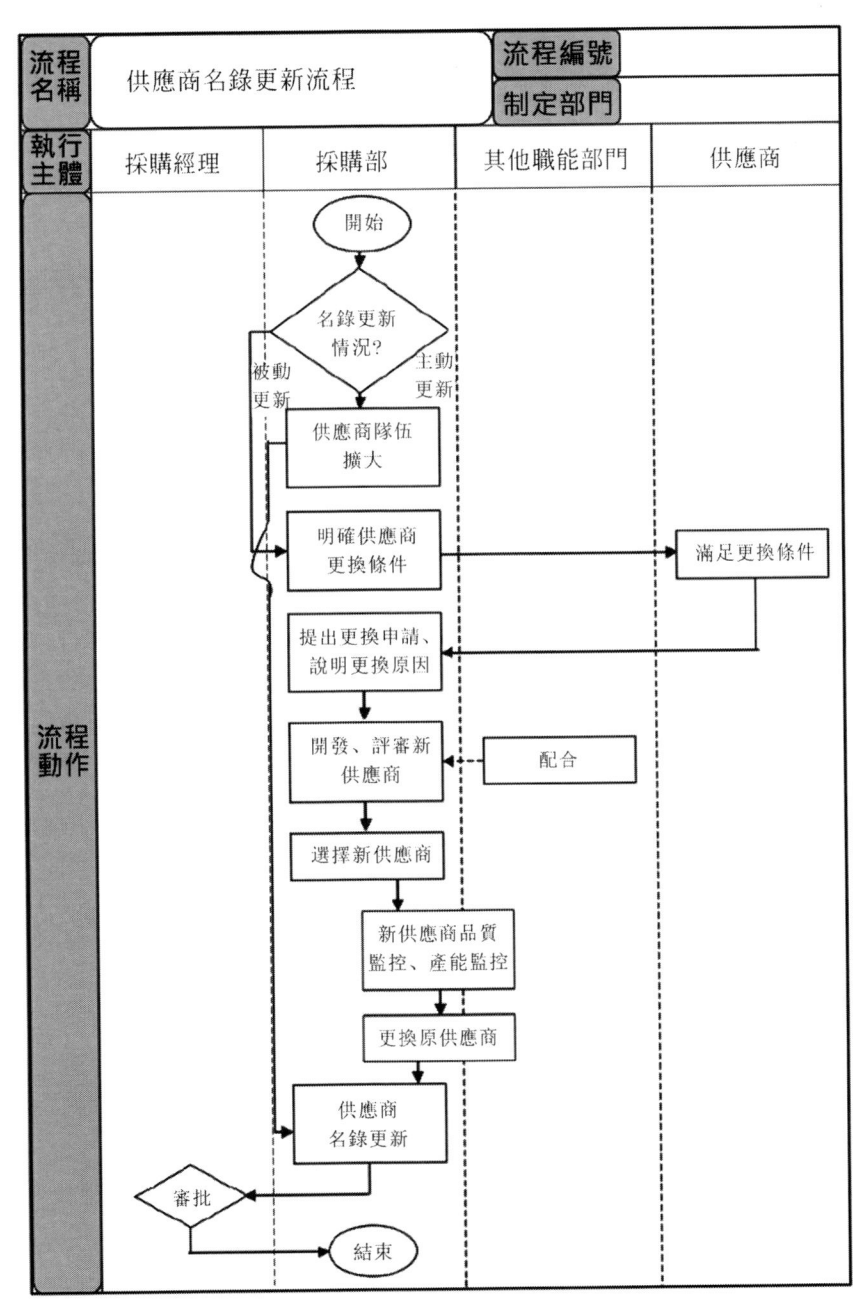

流程名稱	供應商名錄更新流程		流程編號	
			制定部門	
執行主體	採購經理	採購部	其他職能部門	供應商
流程動作		開始 ↓ 名錄更新情況？（被動更新／主動更新）↓ 供應商隊伍擴大 ↓ 明確供應商更換條件 ↓ 提出更換申請、說明更換原因 ↓ 開發、評審新供應商 ↓ 選擇新供應商 ↓ 新供應商品質監控、產能監控 ↓ 更換原供應商 ↓ 供應商名錄更新	配合	滿足更換條件
	審批 ↓ 結束			

圖 3-6 供應商名錄更新流程

第 3 章 供應商管理業務·流程·標準·制度

拜訪供應商工作流程如圖 3-7 所示：

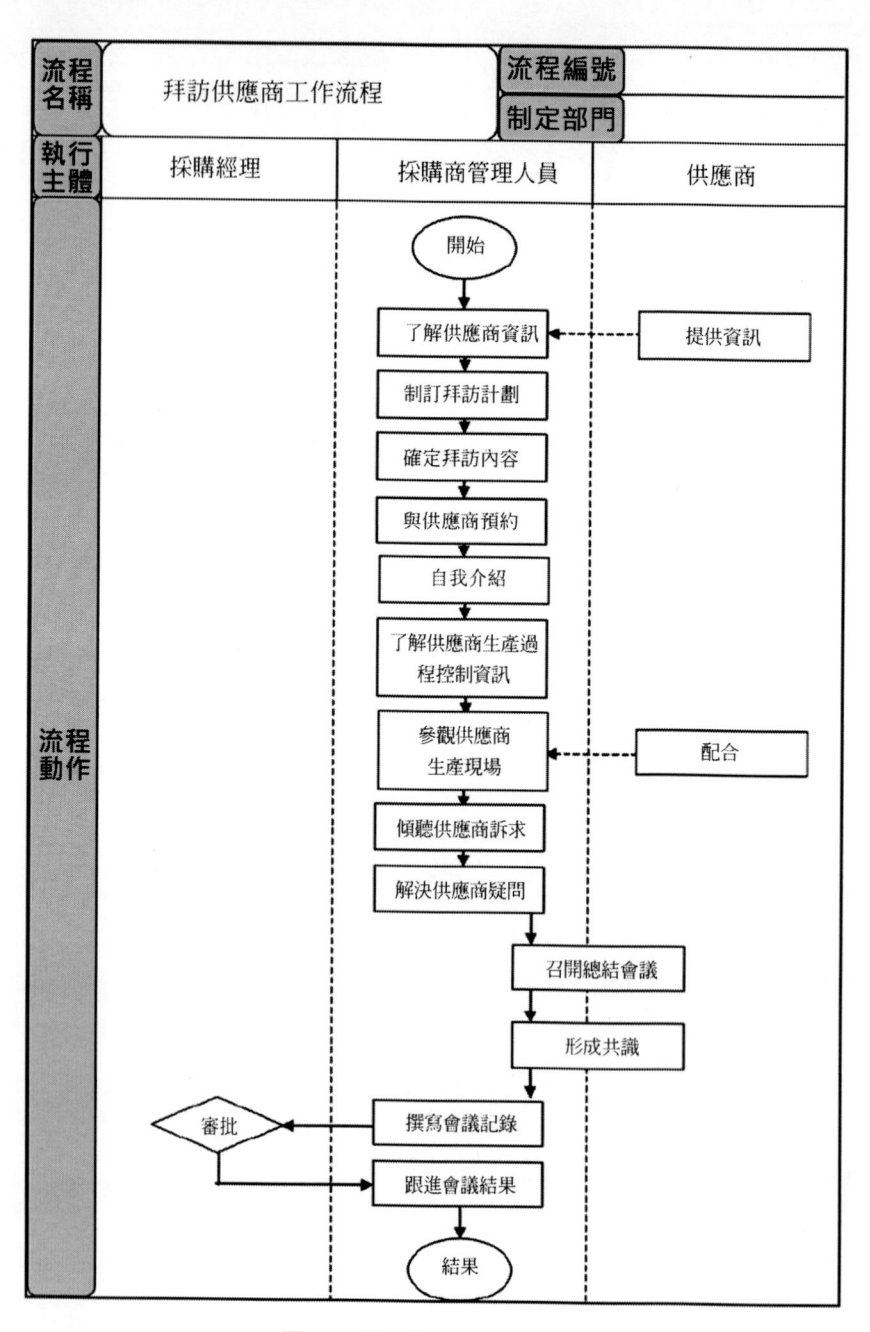

流程名稱	拜訪供應商工作流程		流程編號	
			制定部門	
執行主體	採購經理	採購商管理人員		供應商
流程動作		開始 ↓ 了解供應商資訊 ←――― 提供資訊 ↓ 制訂拜訪計劃 ↓ 確定拜訪內容 ↓ 與供應商預約 ↓ 自我介紹 ↓ 了解供應商生產過程控制資訊 ↓ 參觀供應商生產現場 ←――― 配合 ↓ 傾聽供應商訴求 ↓ 解決供應商疑問 ↓ 召開總結會議 ↓ 形成共識 ↓ 審批 ← 撰寫會議記錄 ↓ 跟進會議結果 ↓ 結果		

圖 3-7 拜訪供應商工作流程

3.2 供應商管理流程

供應商等級評定流程如圖 3-8 所示：

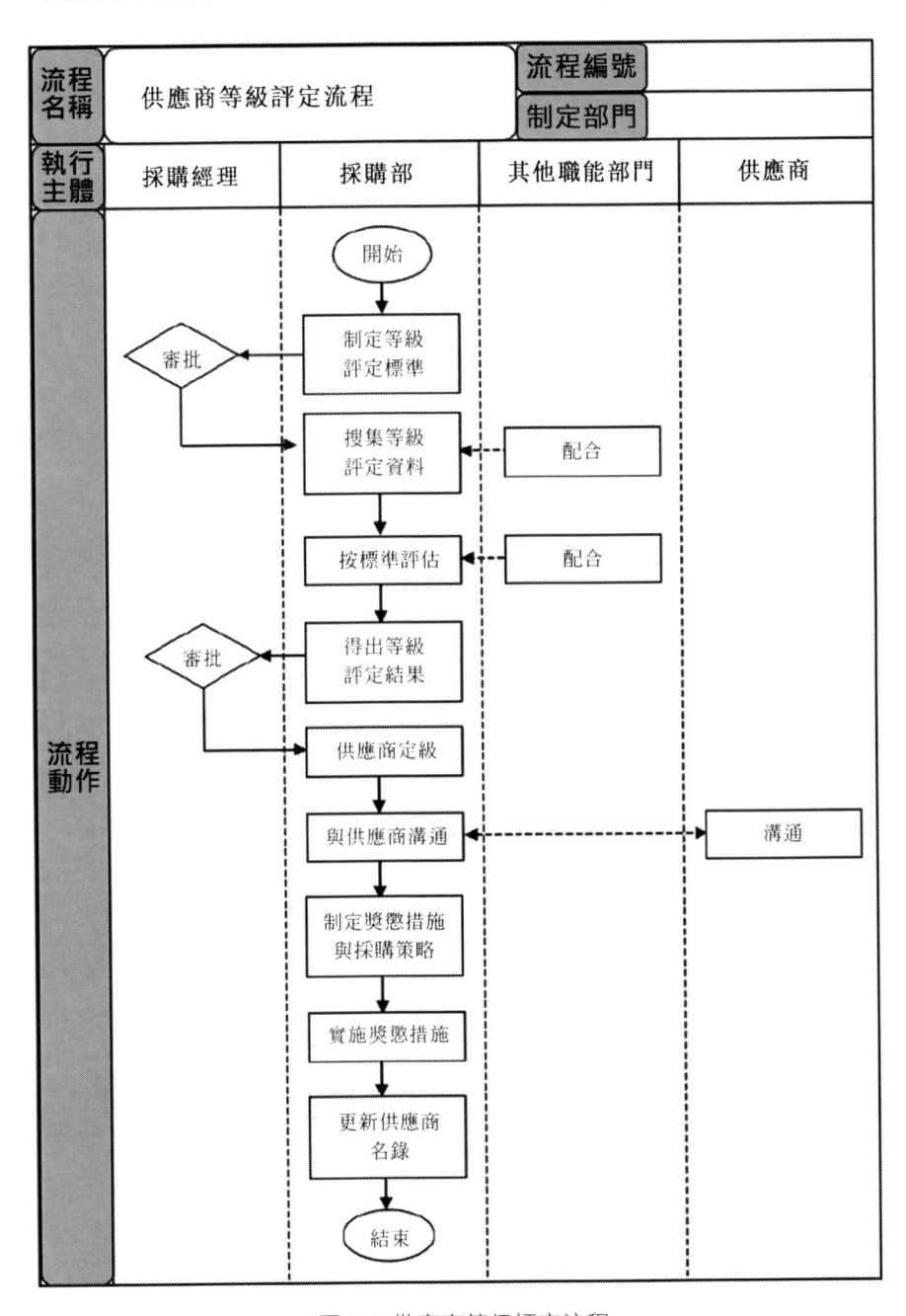

流程名稱	供應商等級評定流程		流程編號	
			制定部門	
執行主體	採購經理	採購部	其他職能部門	供應商

```
流程動作：

         開始
          ↓
  審批 ← 制定等級評定標準
          ↓
       搜集等級評定資料 ← 配合
          ↓
       按標準評估 ← 配合
          ↓
  審批 ← 得出等級評定結果
          ↓
       供應商定級
          ↓
       與供應商溝通 ←→ 溝通
          ↓
       制定獎懲措施與採購策略
          ↓
       實施獎懲措施
          ↓
       更新供應商名錄
          ↓
         結束
```

圖 3-8 供應商等級評定流程

3.3 供應商管理標準

在執行供應商管理工作事項時，採購部及企業其他職能部門應按照相關規範，努力達成下列工作成果，具體內容如表 3-2 所示。

表 3-2 供應商管理業務工作標準

工作事項	工作依據與規範	工作成果或目標
供應商調查與開發	◆供應商調查與開發制度 ◆供應商開發方法	(1)隨時掌握最新的資源市場發展動向 (2)供應商開發計劃制訂及時率達到100% (3)供應商資料庫更新及時率達到100% (4)提交__個以上需進行認證的供應商名單 (5)開發__個以上新供應商
供應商認證	◆供應商初選制度 ◆供應商現場評審制度 ◆供應商樣品檢驗管理方案	(1)供應商初步篩選準備工作充分、完善 (2)供應商現場評審過程規範，無循私舞弊現象 (3)供應商樣品驗證及時率達到100%
供應商評估與考核	◆供應商考核管理制度 ◆供應商等級評定制度 ◆供應商獎懲實施方案	(1)供應商績效評估體系全面、完善，能客觀、全面地評價供應商的績效 (2)供應商考核計劃及時完成率達到100%
供應商關係管理	◆供應商檔案管理規定 ◆供應商關係維護制度	(1)與供應商維持良好合作關係 (2)供應商對合作的滿意度達到100% (3)供應商激勵方案內容全面，執行度較高

3.3 供應商管理標準

企業可依據以下評估指標,對供應商管理工作設定相應的業務績效標準,以便引導採購人員對供應商的管理效能。具體內容如表 3-3 所示。

表 3-3 供應商管理業務績效標準

工作事項	評估指標	評估標準
供應商調查與開發	市場分析報告提交及時率	1. 市場分析報告提交及時率 = $\dfrac{在規定時間內提交的市場分析報告}{應提交的市場分析報告} \times 100\%$ 2. 市場分析報告提交及時率應達到__%,每降低__%,則扣除責任人當月獎金的__%
	供應商資訊完整性	企業採購資訊管理庫內供應商資訊完整、無缺失,資訊不完整的供應商數量控制在__家以內,每多一家,扣__分
	供應商開發數量	在考核期內,供應商開發數量應達到__家,每少1家,扣除責任人__分,低於__家,本項不得分
供應商認證	供應商認證規範性	1. 僅對供應商進行初步篩選或現場審核,即確定合格供應商,本項不得分 2. 對供應商進行初步篩選和現場審核,但審核內容不全面,未經驗證供應商樣品,得__分 3. 經供應商初步篩選、供應商現場審核等過程,對供應商全面認證,得__分
	供應商全面評審率	1. 全面評審率 = $\dfrac{經過嚴格評審選定的供應商數量}{企業合作的全部供應商數量} \times 100\%$ 2. 合格供應商必須通過嚴格的評審,全面評審率須達到__%;每降低一個百分點,扣__分
供應商評估與考核	供應商履約率	1. 供應商履約率 = $\dfrac{履約的合約數}{訂立的合約數} \times 100\%$ 2. 供應商履約率應達到__%,每降低__%,則扣除責任人當月獎金的__%

表3-3（續）

	供應商考核指標選取準確性	供應商考核指標應包括經濟、品質、服務、供應四方面指標 1. 僅選取1方面的指標，本項不得分 2. 選擇2～3方面的指標，得__分 3. 全面選取4方面的指標，得__分
	供應商考核報告完成及時率	1. 供應商考核報告完成及時率= $\dfrac{\text{在規定時間內完成的供應商考核報告}}{\text{應完成的供應商考核報告數}} \times 100\%$ 2. 供應商考核報告完成及時率應達到__%，每降低__%，扣__分，及時率低於__%，本項不得分
	供應商獎懲方案審核一次性通過率	1. 供應商獎懲方案審核一次性通過率= $\dfrac{\text{一次性審核通過的獎懲方案數}}{\text{獎懲方案總數}}$ 2. 供應商獎懲方案審核一次性通過率應達到__%，每降低一個百分點，扣__分，及時率低於__%，本項不得分
供應商關係管理	供應商檔案完備率	1. 供應商檔案完備率= $\dfrac{\text{完整的供應商檔案數}}{\text{供應商總數}} \times 100\%$ 2. 供應商檔案完備率應達到__%，每降低__%，扣__分
	核心供應商流失率	1. 核心供應商流失率= $\dfrac{\text{考核期內核心供應商流失數量}}{\text{期初核心供應商數量＋本期增加核心供應商數量}} \times 100\%$ 2. 及時實施供應商關係維護工作，核心供應商保有率達__%，每降低一個百分點，扣__分

3.4 供應商管理制度

採購部編制供應商管理制度，有助於規範供應商開發、認證、考核、維護等工作，有助於規避日常工作中較常出現的以下四方面問題，具體如圖3-9所示：

3.4 供應商管理制度

- 供應商資料庫未及時更新
- 供應商調查表內容設計不完整
- 供應商資料的準確率和完整率偏低

供應商調查與開發方面的問題

- 供應商初審標準設置不合理
- 供應商現場評審缺乏公正性、客觀性
- 供應商樣品未及時、有效地驗證

供應商認證方面的問題

- 供應商考核指標、考核內容選取不適宜
- 供應商績效評估體系未得到及時建立
- 獎懲方案執行效果較差

供應商評估與考核方面的問題

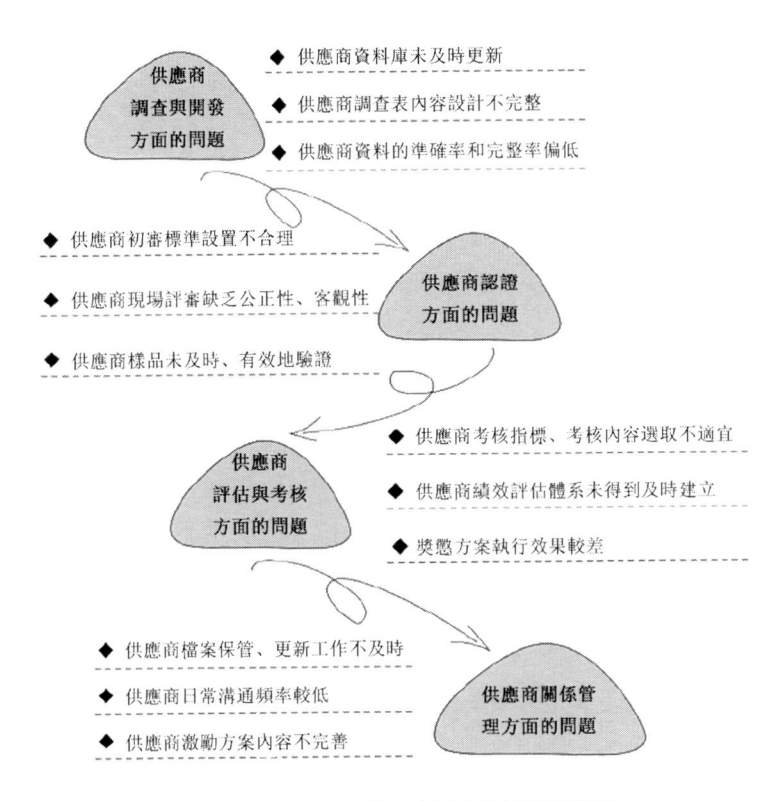

- 供應商檔案保管、更新工作不及時
- 供應商日常溝通頻率較低
- 供應商激勵方案內容不完善

供應商關係管理方面的問題

圖 3-9 供應商管理制度解決問題導圖

供應商開發管理制度如表 3-4 所示：

表 3-4 供應商開發管理制度

制度名稱	供應商開發管理制度		編　　號	
執行部門		監督部門		編修部門

第1條　目的。

為規範本公司供應商開發工作，瞭解供應商資訊，搜尋潛在供應商，滿足公司生產經營的需求，特制定本制度。

第2條　適用範圍。

本制度適用於供應商開發小組根據市場競爭情況和公司需求，建立供應商資料庫，透過多種通路尋找供應商資訊等工作。

第3條　組建供應商開發小組。

採購部供應商管理人員組建供應商開發小組，小組成員來自採購部、生產部、財務部、技術部、市場部。該小組的主要職責說明如下：

1. 供應商開發小組制訂並實施供應商調查與開發計劃。
2. 供應商開發小組根據公司採購需求、市場競爭情況搜集潛在供應商資訊。
3. 採購經理對供應商調查與開發的執行情況進行監督。

第4條　制訂供應商開發計畫。

供應商開發小組制訂「供應商開發計劃」，包括供應商開發目標、開發通路、開發數量、開發成功時間等內容，報經採購經理審核、總經理審批通過後實施。

第5條　瞭解公司採購需求。

供應商開發小組根據公司以下四項需求.制定供應商開發目標：

1. 公司所需供應商的品質水準、產能情況。
2. 供應商開發成功的截止日期。
3. 公司所需原材料或零部件的種類。
4. 供應商與公司的距離及是否便於運輸。

3.4 供應商管理制度

表3 4(續)

第6條 分析市場競爭情況。

1. 供應商開發小組應瞭解市場發展趨勢、指標公司、各大供應商的定位、潛在供應商等情況。

2. 供應商開發小組應瞭解競爭市場的性質、容量和規模。

3. 供應商開發小組應分析供應商調查資料，明確競爭市場自身的基本情況，包括：競爭市場的生產能力、技術水準、價格水準、管理水準、需求情況等。

第7條 明確供應商開發通路。

在明確市場競爭情況和公司需求後，應透過以下通路開發供應商：

新聞媒體
同行介紹　公開徵詢
行業協會　專業刊物　其他
產品發布會　產品展銷會
供應商主動聯絡

供應商開發通路

第8條 尋找潛在供應商資訊。

1. 供應商開發小組根據供應商選擇標準、公司需要的格式設計並發放「供應商調查表」，「供應商調查表」多為問卷的形式。

2. 「供應商調查表」應滿足「易於填寫」和「便於整理」的要求，主要內容包括：供應商概況、供應商規模、主營產品、生產設備、檢測設備、生產工藝流程、品質驗收與管制、採購合約、付款方式、售後服務、建議事項等內容。

3. 供應商開發小組在規定時間內回收「供應商調查表」，對「供應商調查表」的真實性進行核實，剔除填寫虛假資訊的供應商。

4. 供應商開發小組做好資訊匯總工作，保證供應商認證工作的順利展開。

第9條 更新供應商資料庫。

第3章 供應商管理業務‧流程‧標準‧制度

表3-4(續)

	1. 供應商管理人員將尋找到的潛在供應商資訊匯總、收錄到「供應商資料庫」中。 2. 收錄資料庫內容包括，新搜集到的供應商基本情況及其市場定位。 第10條 本制度自頒布之日起實施，自實施之日起，原有相關制度即行廢止。

編制日期		審核日期		批准日期	
修改標記		修改處數		修改日期	

供應商認證管理制度如表3-5所示：

表3-5 供應商認證管理制度

制度名稱	供應商認證管理制度	編號	
執行部門		監督部門		編修部門	

第一章　總則

第1條　目的。

為實現以下目的，特制定本制度。

1. 透過初步篩選和現場評審，尋找最佳供應商。

2. 保證供應商產品品質穩定且價格合理，具有良好的履約能力，降低公司採購成本，提高採購效率。

第2條　適用範圍。

本制度適用於供應商初審、現場評審、供應商確認等工作。

第3條　職責分工。

1. 採購部相關採購專員負責供應商資料的收集、認證的組織、執行等工作；採購經理負責對認證工作的執行情況進行監督，審核經確認合格的供應商；採購總監負責整體把控供應商認證管理工作，並審批確認合格的供應商。

2. 品管部負責對供應商樣品的品質進行檢驗。

3. 由採購部組建，技術部、生產部、品管部等部門參與的供應商現場

表3-5(續)

評審小組負責對供應商進行現場評審。

第二章　供應商初審

第4條　收集供應商資料。

1. 採購專員根據公司需要，收集、整理目標供應商的詳細資訊，便於初審工作的展開。

2. 採購專員收集的供應商資料主要包括：供應商基本情況、供應商未來發展預測、供應商信用狀況、供應商價格敏感度、供貨及時性、準確性、供應商服務水準、供應商產品品質體系、生產組織及管理體系等內容。

第5條　設置供應商初審標準。

採購專員根據「供應商調查表」所反映的情況，結合本公司實際要求，在下表供應商初審標準中選擇6～7項。

供應商初審標準

初審標準	細化
產品品質水準	品質保證體系、來料優良品率、樣品品質、對品質問題的處理
交貨能力	交貨及時性、供貨彈性、提交樣品及時性
價格水準	價格優惠程度、消化漲價的能力、成本下降空間
技術能力	工藝技術先進性、後續研發能力、產品設計能力、技術問題反應能力
後援服務	零星訂貨保證、售後服務能力、運輸距離
人員配置	團隊品質、員工素質
現有合作狀況	合約履約率、合作年限、雙方合作滿意度

第6條　初步篩選供應商。

1. 採購專員根據搜集的供應商資料、供應商提交的「供應商調查表」，填寫「供應商篩選評分表」。

2. 採購專員對候選供應商進行資格審查，資格審查的內容主要包括：持續經營能力、產品品質控制能力、服務能力、合約執行能力等。

3. 採購專員根據「供應商篩選評分表」的得分情況和資格審查情況，確定候選供應商名單。

表3-5(續)

第7條　審核候選名單。

採購專員擬定的候選供應商名單應上報採購經理審核，審核通過的供應商進入現場評審階段。

第三章　供應商現場評審與樣品驗證

第9條　實施現場評審。

1. 現場評審小組對供應商實施現場評審的頻率可根據採購活動的需求靈活調整。

2. 現場評審小組深入了解供應商的生產線、生產設備、生產工藝、品質檢驗部門和管理部門運作情況，對供應商的品質管制體系經營能力、產品研發能力、財務狀況、交貨服務能力、工藝保證能力等進行現場評審。

3. 現場評審小組判斷供應商提供的產品或服務能否滿足本公司要求。

第10條　驗證供應商樣品。

1. 如有需要，現場評審小組通知供應商送交樣品，並對樣品提出詳細的技術、品質要求。

2. 供應商提交的樣品應具有代表性，數量多於兩件。

3. 現場評審小組對樣品品質、外觀、尺寸、性能、材質等方面進行詳細檢驗，在樣品上貼標籤，標示檢驗狀態、檢驗結果。

4. 合格的樣品至少兩件。一件返還供應商，作為供應商生產的依據；一件保存在品管部，作為今後檢驗的依據。

第11條　編制供應商訓查報告。

在現場評審工作結束後，現場評審小組對現場評審工作進行總結，編制「供應商調查報告」，提交採購經理審批，作為確定最終供應商的重要依據。

第四章　確認合格供應商及存檔

第12條　確認合格供應商。

1. 對於通過現場評審且樣品檢驗合格的供應商，採購專員須將他們列入合格供應商名錄，交由採購經理審核、採購總監審批。

表3-5（續）

> 2.一般情況下，一種物資應建立兩家或兩家以上的合格供應商通路，以便採購時選擇。
>
> 3.列入合格供應商名錄的供應商，原則上需要每年複評一次，複評的流程與認證流程一致。採購專員根據複評結果更新供應商名錄。
>
> 第13條 供應商資料存檔。
>
> 對於新增的供應商，採購專員負責建立、完善其檔案資料，並將檔案交由公司檔案室保管。
>
> **第五章 附則**
>
> 第14條 本制度由採購部制定，經採購總監審批通過後實施。
>
> 第15條 本制度自執行之日起，原「供應商認證制度」即行作廢。

編制日期		審核日期		批准日期	
修改標記		修改處數		修改日期	

供應商考核管理制度如表 3-6 所示：

表3-6 供應商考核管理制度

制度名稱	供應商考核管理制度	編　號	
執行部門		監督部門		編修部門	

> **第一章 總則**
>
> 第1條 目的。
>
> 為建立完善的供應商考核體系，激勵供應商提供優質的產品和服務，保證公司採購工作的順利展開，特制定本制度。
>
> 第2條 適用範圍。
>
> 本制度適用於建立供應商考核體系、實施供應商考核及考核結果處理等工作。
>
> 第3條 權責劃分。

表3-6（續）

採購部及其他職能部門在本制度中的職責如下所示：

1. 採購部採購人員負責供應商的日常監督、通知供應商考核結果、擬定供應商獎懲方案，考核相關資料的存檔工作。

2. 採購部各級領導負責組建供應商考核小組，審批、審核供應商考核相關的文件、資料，並對供應商實施獎懲，及時追蹤供應商改進情況。

3. 在人力資源部的指導和協助下，採購部負責組建供應商考核小組，小組成員應來自品管部、財務部、倉儲部、生產部等。該小組主要負責建立供應商績效評估體系，執行績效考核工作，給出供應商績效考核結果。

第二章　建立供應商績效評估體系

第4條　制訂考核計劃。

1. 在考核實施前，供應商考核小組應先編制「供應商考核計劃」，考核計劃中應包括考核目的、方式、對象、時間、方法等。

2. 採購經理審核月度考核計劃、季度考核計劃，採購總監審核年度採購計劃。

第5條　考核方法。

為避免評價依據不清晰、評價結果主觀性較強等問題，本公司的供應商考核多採用客觀法。該方法主要根據事先制定的標準或依據對供應商情況進行量化考核，具體包括調查表法、現場評分法、供應商表現考評、供應商綜合審核等。

第6條　考核內容。

供應商考核小組應從以下考核內容中選取若干項，作為供應商考核的內容。

供應商考核內容

考核維度	具體內容
履約考核	● 考核供應商對採購合約的執行情況
價格考核	● 考核供應商的供貨價格是否與採購合約的規定一致 ● 考核供應商價格調整的及時性 ● 考核供應商價格是否有下降的空間

表3-6(續)

交貨考核	● 考核供應商是否在規定日期按時交貨 ● 考核供應商是否採取採購合約規定的交付方式
品質考核	● 考核供應商提供的物資是否符合採購合約規定的標準 ● 考核供應商提供的物資在包裝、工藝、材料等方面是否存在缺陷 ● 考核供應商的生產工藝是否能滿足公司對物資的品質需求
服務考核	● 考核供應商的售前服務是否全面、周到 ● 考核供應商的售後服務是否良好、及時
其他	● 供應商考核小組根據實際需求選取考核具體內容，包括供應商的管理水準、人員操作、生產技術等

第7條　考核時間。

1. 關鍵、重要物資的供應商每月考核一次，普通物資的供貨商每季度考核一次。

2. 所有供應商每年進行一次考核。

第8條　構建考核指標體系。

1. 供應商考核小組應根據公司的實際情況對供應商進行分類，選擇適宜的考核指標，設置相應權重，建立指標的評分等級，最終形成考核指標體系。

2. 考核指標體系應包括經濟指標、品質指標、服務指標、供應指標，具體內容如下表所示。

供應商考核指標體系

指標體系	指標細化	指標計算方法
經濟指標	平均價格比例	1. 平均價格比例＝$\frac{供貨價格}{市場平均價格} \times 100\%$ 2. 平均價格比例應≦___%，每提高___%，扣___分，高於___%不得分
品質指標	品質合格率	1. 品質合格率＝$\frac{合格產品數量}{抽樣總量} \times 100\%$ 2. 品質合格率應≧___%，每降低___%，扣___分，低於___%不得分
	退貨率	1. 退貨率＝$\frac{退貨數}{交貨數} \times 100\%$ 2. 退貨率應≦___%，每提高___%，扣___分，高於___%不得分

表3-6（續）

服務指標	準時交貨率	1. 準時交貨率= $\frac{準時交貨次數}{交貨總次數} \times 100\%$ 2. 準時交貨率應≧___%，每降低___%，扣___分，低於___%不得分
	合約履約率	1. 合約履約率= $\frac{履約合約數量}{雙方簽訂的合約總量} \times 100\%$ 2. 合約履約率應≧___%，每降低___%，扣___分，低於___%不得分
供應指標	配合度	在合約履約過程中一旦出現問題，能及時制定有效應對措施，解決問題
	失信率	1. 失信率= $\frac{合作期內失信次數}{合作總次數} \times 100\%$ 2. 失信率應≦___%，每提高___%，扣___分，高於___%不得分

3. 供應商考核小組根據考核指標體系，製作「供應商考核評分表」，以便實施考核。

第三章　實施供應商考核

第9條　培訓供應商考核小組。

供應商考核小組組長對組員進行培訓，使組員瞭解考核指標所涉及的每個項目、掌握供應商績效評估方法的操作要領、規避各種績效評估誤差的產生。

第10條　考核評價實施。

1. 在考核過程中，供應商考核小組按照「供應商考核評分表」對供應商的各項績效表現進行評分。

2. 供應商考核小組對各項考核結果進行加總，根據加總結果擬定供應商級別、實施獎懲。

第11條　考核結果存檔。

1. 採購部採購人員擬定「供應商考核報告」，上報採購總監審核、總經理審批。

2. 採購部採購人員將考核結果和「供應商考核報告」及時收入供應商檔

表3-6(續)

案中，作為調整供應商策略的依據，並將考核結果以書面形式通知供應商。

第12條 供應商日常監督。

為進一步落實考核結果，提高考核的有效性，採購部採購人員應做好供應商的日常監督與記錄工作。

1. 採購人員應對供應商的履約情況進行監督。
2. 要求供應商定期報告生產條件情況，並提供工序管制的檢驗紀錄。
3. 要求供應商在對生產工藝和設備等進行變更前，徵得公司許可。
4. 加強成品檢驗和進貨檢驗，做好檢驗記錄。
5. 責令品質不合格的供應商查明原因，提高產品品質，如供應商不能在限期內提高品質，應及時上報採購經理，終止雙方合作。

第四章　對供應商實施獎懲

第13條 擬訂獎懲方案。

供應商考核小組根據考核結果，劃分供應商級別、擬訂獎懲方案，上報採購經理審核、總經理審批。

第14條 實施獎懲。

採購部採購人員根據審批通過的獎懲方式，實施獎懲，具體獎懲情況如下所示：

供應商級別劃分及獎懲情況一覽表

考核得分	級別劃分	獎懲情況
≥90分	A級供應商	酌情增加採購、優先採購、貨款優先支付、酌情辦理免檢
80～89分	B級供應商	責令其對不足之處進行整改，採購策略維持不變
70～79分	C級供應商	酌情減少採購量，責令其對不足之處進行整改，採購部對整改結果進行確認後，決定是否繼續採購
≤69分	D級供應商	終止與其的採購關係

第15條 相關資料存檔。

表3-6（續）

供應商管理人原以書面形式向供應商發放考核處理結果，並做好資料的存檔工作。	

第五章　附則

第16條　本制度經總經理審批通顧後，自＿＿年＿＿月＿＿日起實施。

第17條　本制度由採購部制定，修改權、解釋權歸採購部所有。

編制日期		審核日期		批准日期	
修改標記		修改處數		修改日期	

供應商關係維護制度如表3-7所示：

表3-7 供應商關係維護制度

制度名稱	供應商關係維護制度		編　　號	
執行部門		監督部門		編修部門	

第一章　總則

第1條　目的。

為促進公司供應商關係維護工作的開展，建立供需雙方穩固、互惠的合作關係，保障公司各項物資的及時供應，特制定本制度。

第2條　適用範圍。

本制度適用於供應商日常溝通管理、供應商激勵工作。

第3條　權責劃分。

1. 採購部採購人員負責供應商日常溝通管理工作，並制定、實施「供應商激勵方案」。

2. 採購部各級管理人員負責制訂、實施供應商援助計畫。

表3-7（續）

第二章　供應商日常溝通管理

第4條　供應商溝通計畫。

1. 採購部採購人員根據供應商等級制訂溝通計畫，計畫內容包括溝通時間、溝通地點、溝通內容等。計畫完成後及時上報採購經理審批。

2. A級供應商的溝通頻率為__次／月，B級供應商的溝通頻率為__次／月，C級供應商的溝通頻率為__次／月。

第5條　供應商溝通方式。

採購部採購人員可選擇的溝通方式包括以下六種，採購人員可根據溝通事宜的重要程度、複雜程度、公司的日常工作安排選擇相應的溝通方式。

商務會晤	電話溝通
網路即時通訊	電子郵件溝通
上門拜訪	書信溝通

與供應商溝通的常見方式

第6條　供應商溝通內容。

採購部採購人員與供應商溝通的內容可根據需要靈活變通，主要內容包括以下四類：

1. 採購產品的品質要求、數量要求、規格要求，及對要求的核實或變更。
2. 採購產品的運輸、安裝、維修等售後服務事項。
3. 供應商相關人員的培訓。
4. 供應商服務改善方案。

第7條　供應商溝通的規範和要求。

採購部採購人員在與供應商溝通時，應遵循以下規範和要求：

1. 遵循商務禮儀，注意自身的禮儀規範。
2. 供應商詢問的問題如涉及公司商業機密，應向其解釋無法告知。
3. 與供應商溝通的問題應準確、清晰。

表3-7(續)

第三章　供應商激勵

第8條　編制「供應商激勵方案」。

1. 採購人員編制「供應商激勵方案」，上報採購經理審核、總經理審批。

2. 「供應商激勵方案」中應包括激勵條件、激勵物件、激勵內容、激勵時機等內容。

第9條　激勵內容。

「供應商激勵方案」中的激勵內容主要包括精神激勵和物質激勵兩個部分。

1. 精神激勵。採購部定期舉辦供應商大會，為優秀供應商頒發獎杯，開闢專門的展覽室，展示優秀供應商。

2. 物質激勵。採購部透過以下措施對優秀供應商進行物質激勵。

(1) 採購部組織制訂「供應商扶持計劃」，對供應商的生產過程、生產工藝、經營管理、產品研發等工作給予扶持.同時，公司對有發展潛力、符合公司投資方針的供應商，可進行投資入股，與其建立產權關係。

(2) 採購部提高採購佔有率。

(3) 採購部給予供應商適度的價格折扣，並與其簽訂長期採購合約。

(4) 採購部將供應商納入培訓與改善計劃，採取參觀學習、委派培訓人員、聘請第三方培訓機構等方式對供應商進行培訓。

第10條　激勵時機。

採購部應在以下時機對供應商實施激勵，激發供應商提高服務水準和服務品質的積極性與主動性，節約採購成本，確保公司採購工作的順利實施。

1. 供應商考核結果在90分以上。

2. 公司變更品質管理體系、驗收標準。

3. 採購部與供應商協調生產數量、採購價格時。

第11條　防止供應商壟斷。

當某項產品或技術僅有一家供應商或供應商享有專利保障時，採購部應將以下激勵措施作為防止供應商壟斷的方式。

1. 提高採購比例或採用聯合採購的方式，加強供應商對公司的依賴性。

表3-7(續)

2. 如獨家供應商的產出不高、效率較低，公司可根據實際需求制定「供應商扶持計劃」，要求供應商讓渡部分利益。

第五章　附則

第12條　本制度原則上每年更新一次，具體工作由採購部執行。

第13條　本制度經總經理審批通過後實施。

編制日期		審核日期		批准日期	
修改標記		修改處數		修改日期	

第 4 章 採購過程管理業務‧流程‧標準‧制度

4.1 採購過程管理業務模型

企業在進行採購管理的過程中最主要的工作就是做好採購過程管理，不同的企業有不同的採購形式，因此也就存在不同形式的採購過程。採購過程管理的具體業務如圖 4-1 所示。

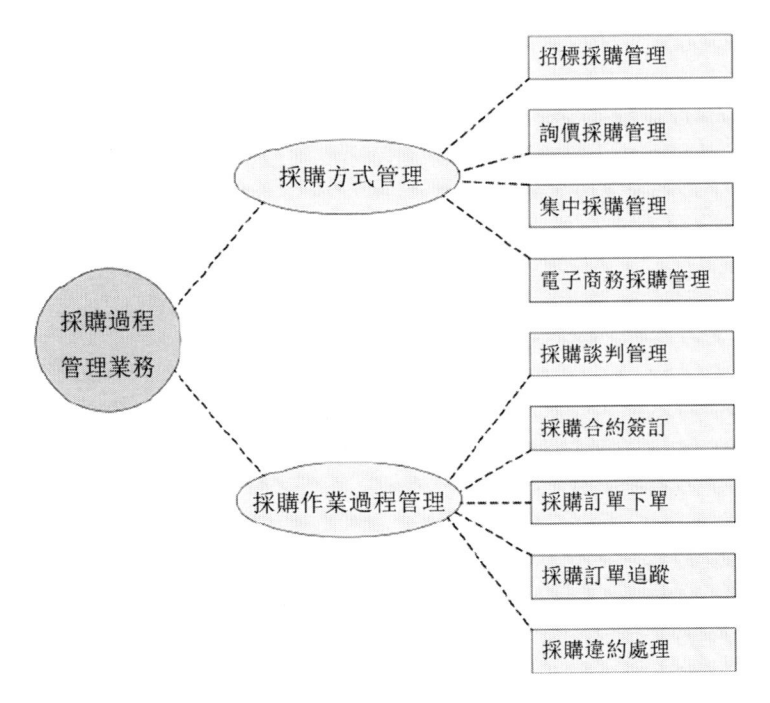

圖 4-1 採購過程管理業務心智圖

採購過程管理的職責是主要圍繞四大採購形式的採購業務，對各個業務所需履行的職責，需要明確、詳細地進行規定，其主要工作職責如表 4-1 所示。

表 4-1 採購過程管理主要工作職責

工作職責	職責具體說明
招標採購管理	★招標立項報批、招標文件編制、收集投標單位資訊、組織資格預審、組織考察、投標入圍單位報審 ★發放標書、組織現場踏勘、組織回標及開標、組織評標、發放中標及未中標通知、組織合約談判及簽訂等
詢價採購管理	★透過查閱供應商資訊庫和市場調查等方式掌握供應市場動態 ★根據市場調查與分析結果，選擇符合條件的詢價供應商名單 ★編制詢價文件，並向供應商發出詢價通知，收集所有供應商報價 ★透過對供應商報價進行對比分析，確定合格的供應商進行採購
集中採購管理	★透過公開招標、邀請招標、競爭性談判、詢價或集中採購領導小組認定的其他採購方式進行集中採購
電子商務採購管理	★電子商務採購模式的選擇和電子商務採購網站的建構 ★透過電子商務採購系統或電子商務採購網站進行採購和結算

4.2 採購過程管理流程

採購過程管理流程按照總分關係進行設計，主要包括如圖 4-2 所示的若干項子流程。

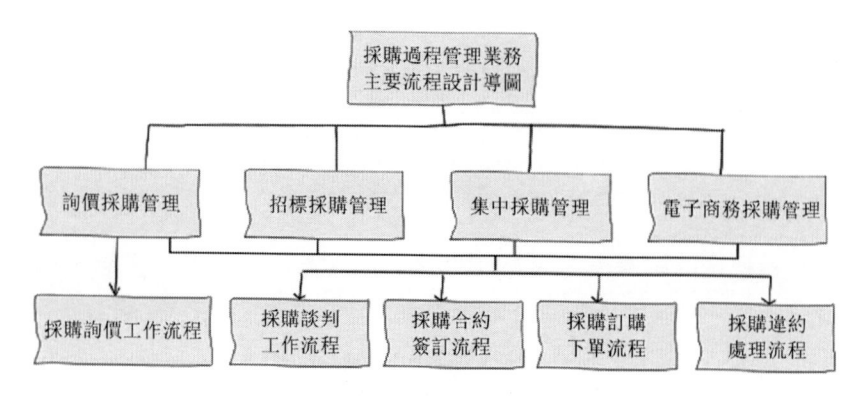

圖 4-2 採購過程管理流程設計導圖

4.2 採購過程管理流程

採購詢價工作流程如圖 4-3 所示：

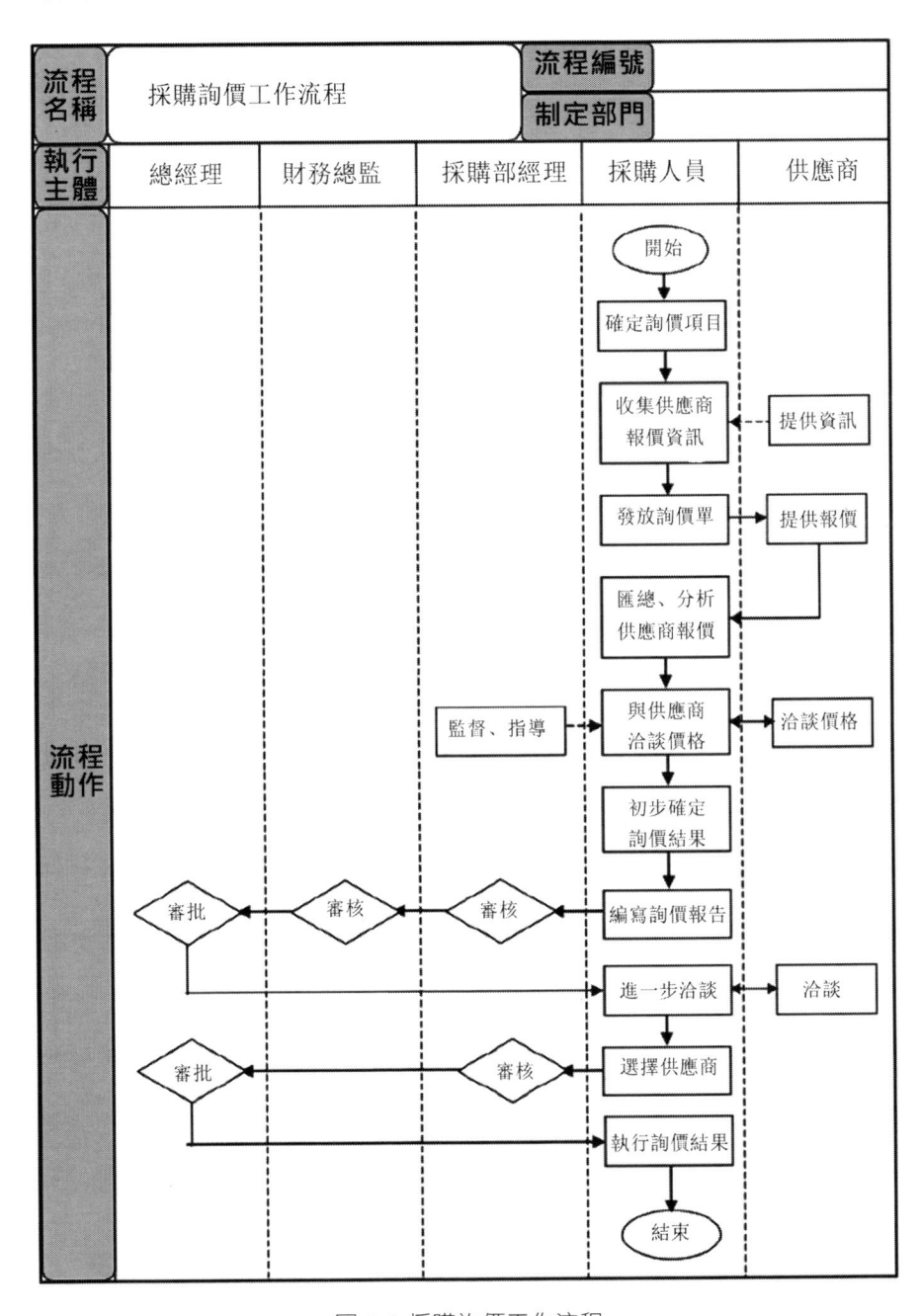

流程名稱	採購詢價工作流程			流程編號	
				制定部門	
執行主體	總經理	財務總監	採購部經理	採購人員	供應商
流程動作				開始 → 確定詢價項目 → 收集供應商報價資訊 ← 提供資訊 → 發放詢價單 → 提供報價 → 匯總、分析供應商報價 ← 監督、指導 → 與供應商洽談價格 ← 洽談價格 → 初步確定詢價結果 → 編寫詢價報告 ← 審核 ← 審核 ← 審批 → 進一步洽談 ← 洽談 → 審核 ← 審批 → 選擇供應商 → 執行詢價結果 → 結束	

圖 4-3 採購詢價工作流程

第 4 章 採購過程管理業務·流程·標準·制度

採購談判工作流程如圖 4-4 所示：

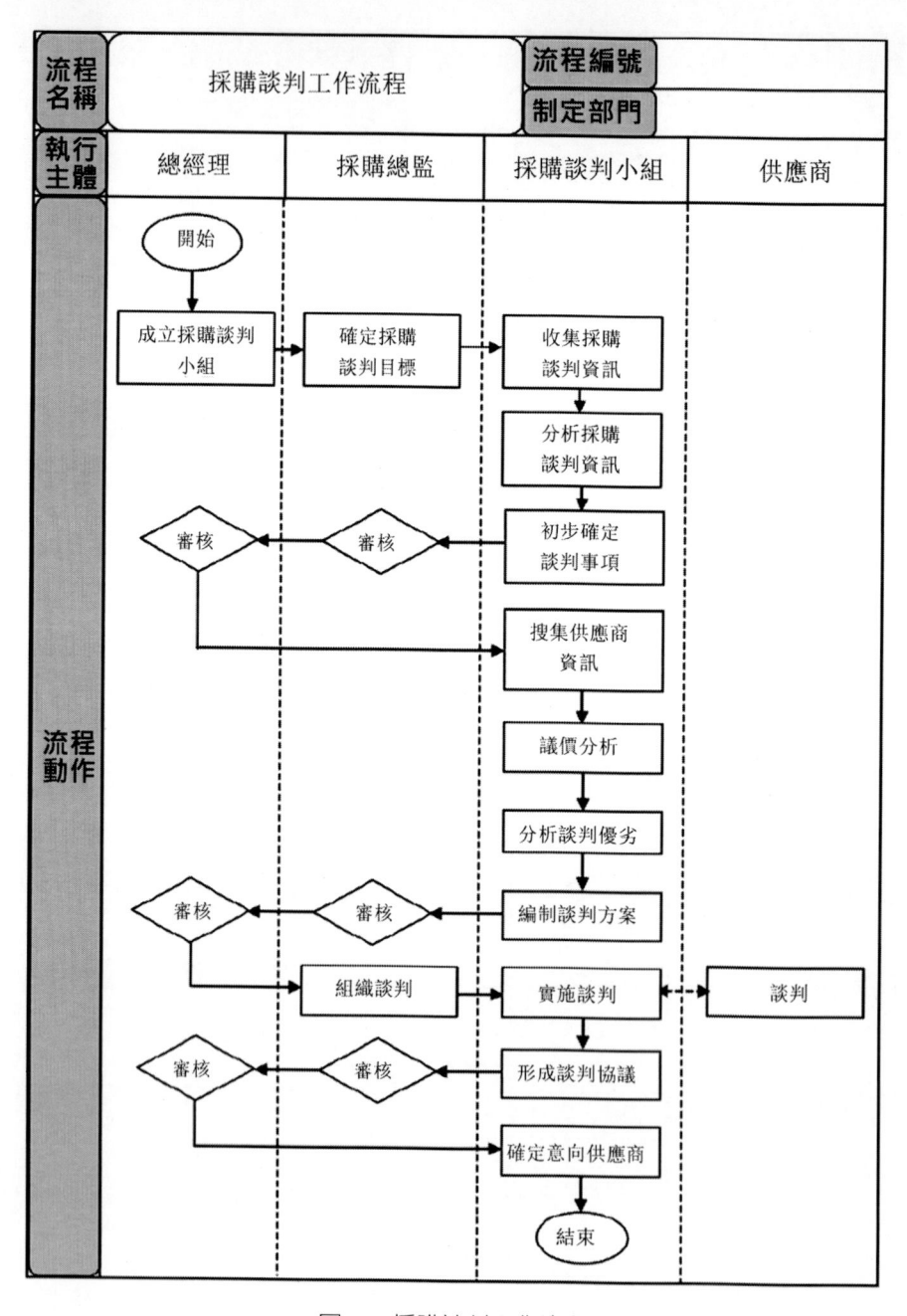

流程名稱	採購談判工作流程		流程編號	
			制定部門	
執行主體	總經理	採購總監	採購談判小組	供應商

流程動作：

- 開始
- 成立採購談判小組
- 確定採購談判目標
- 收集採購談判資訊
- 分析採購談判資訊
- 審核
- 初步確定談判事項
- 搜集供應商資訊
- 議價分析
- 分析談判優劣
- 審核
- 編制談判方案
- 組織談判
- 實施談判 — 談判
- 審核
- 形成談判協議
- 確定意向供應商
- 結束

圖 4-4 採購談判工作流程

4.2 採購過程管理流程

採購合約簽訂流程如圖 4-5 所示：

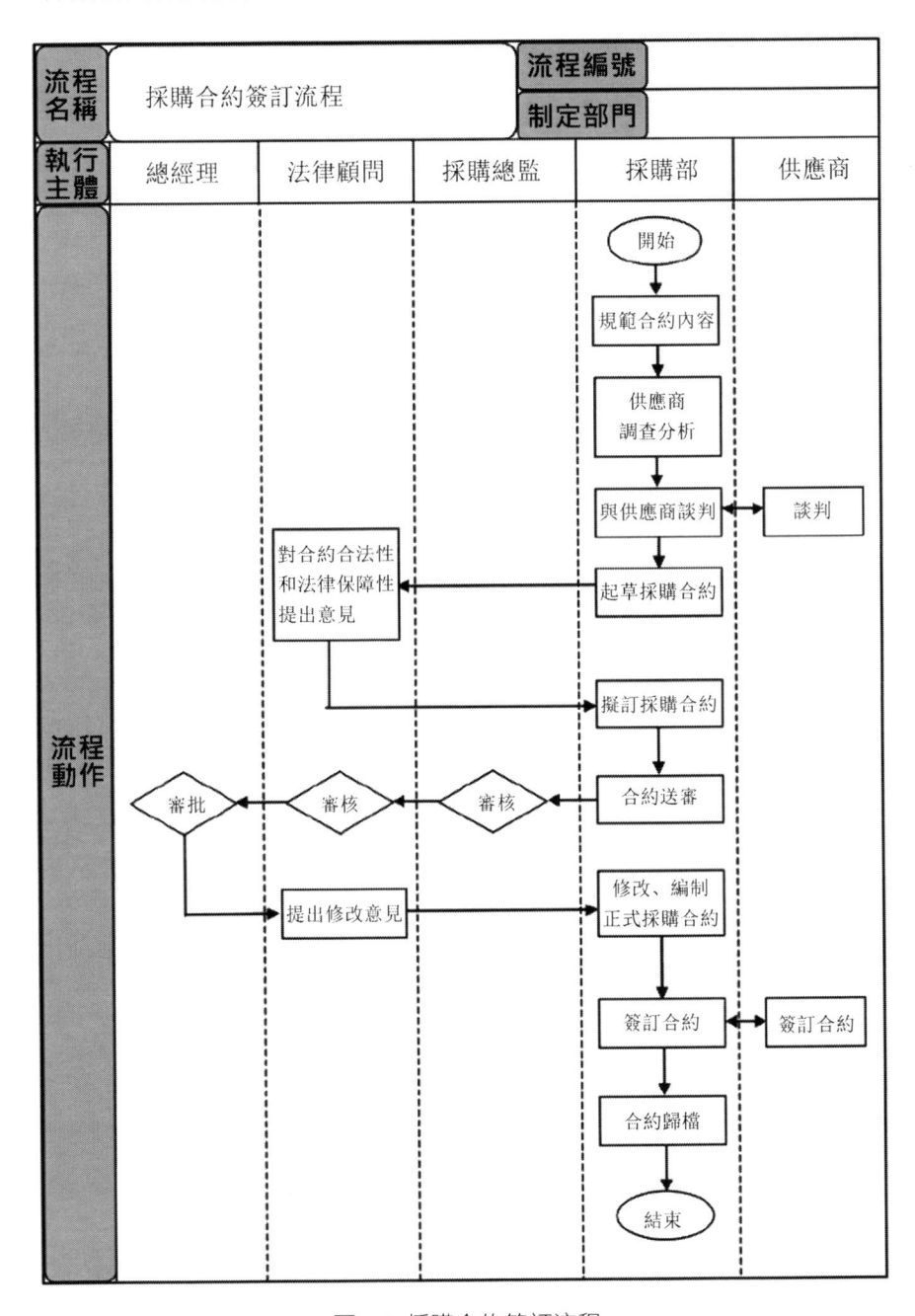

流程名稱	採購合約簽訂流程			流程編號	
				制定部門	
執行主體	總經理	法律顧問	採購總監	採購部	供應商
流程動作	審批	對合約合法性和法律保障性提出意見　審核　提出修改意見	審核	開始 → 規範合約內容 → 供應商調查分析 → 與供應商談判 → 起草採購合約 → 擬訂採購合約 → 合約送審 → 修改、編制正式採購合約 → 簽訂合約 → 合約歸檔 → 結束	談判　簽訂合約

圖 4-5 採購合約簽訂流程

第 4 章 採購過程管理業務·流程·標準·制度

採購訂購下單流程如圖 4-6 所示：

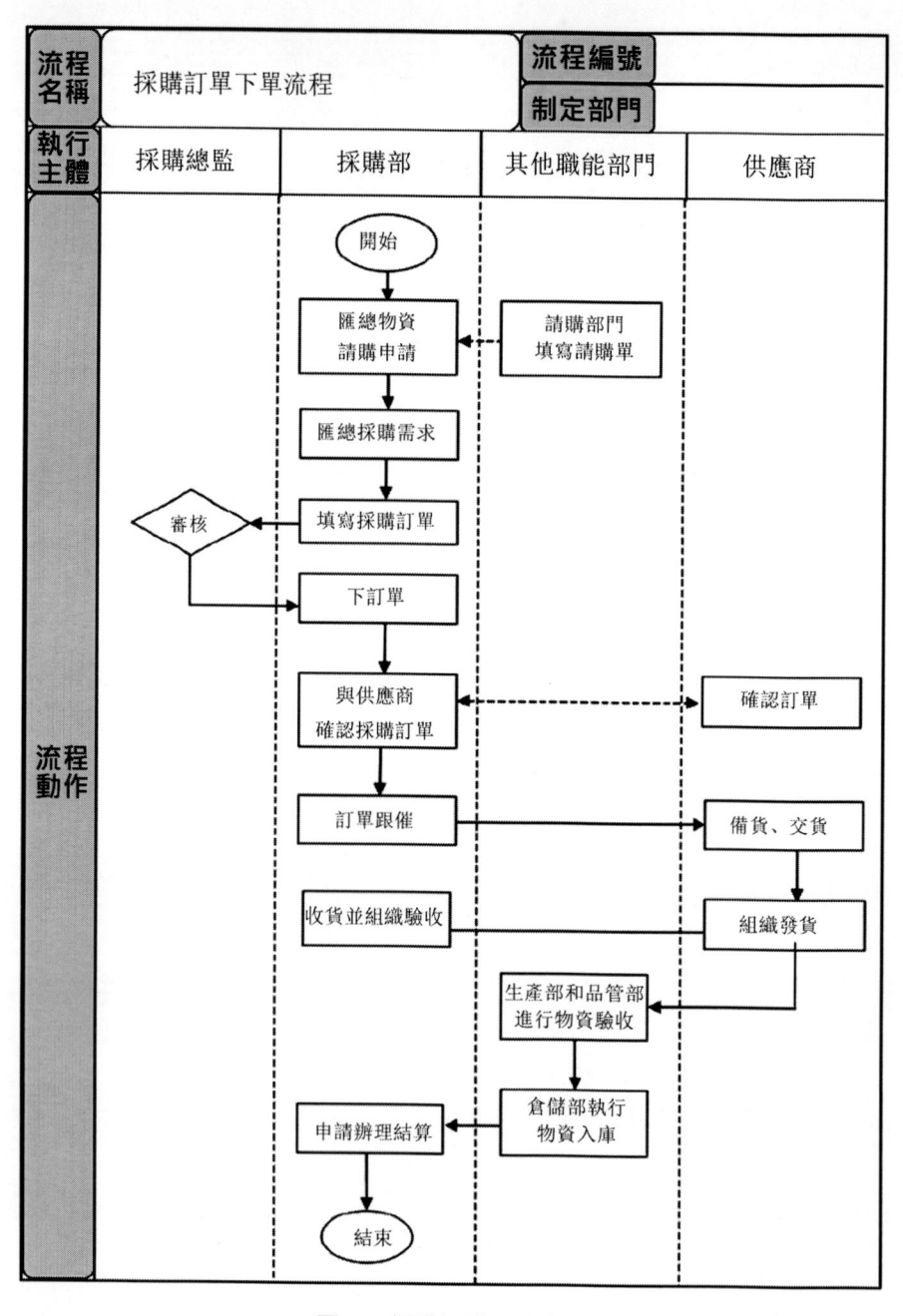

流程名稱	採購訂單下單流程		流程編號	
			制定部門	
執行主體	採購總監	採購部	其他職能部門	供應商
流程動作		（流程圖）		

流程動作說明：

開始 → 匯總物資請購申請 ← 請購部門填寫請購單

匯總採購需求 → 填寫採購訂單 ↔ 審核 → 下訂單 → 與供應商確認採購訂單 ↔ 確認訂單 → 訂單跟催 → 備貨、交貨 → 收貨並組織驗收 ← 組織發貨 → 生產部和品管部進行物資驗收 → 倉儲部執行物資入庫 → 申請辦理結算 → 結束

圖 4-6 採購訂購下單流程

4.2 採購過程管理流程

採購違約處理流程如圖 4-7 所示：

流程名稱	採購違約處理流程		流程編號	
			制定部門	
執行主體	採購總監	採購部	其他職能部門	供應商

流程動作：

開始 → 簽訂採購合約 ←---→ 簽訂採購合約（供應商）

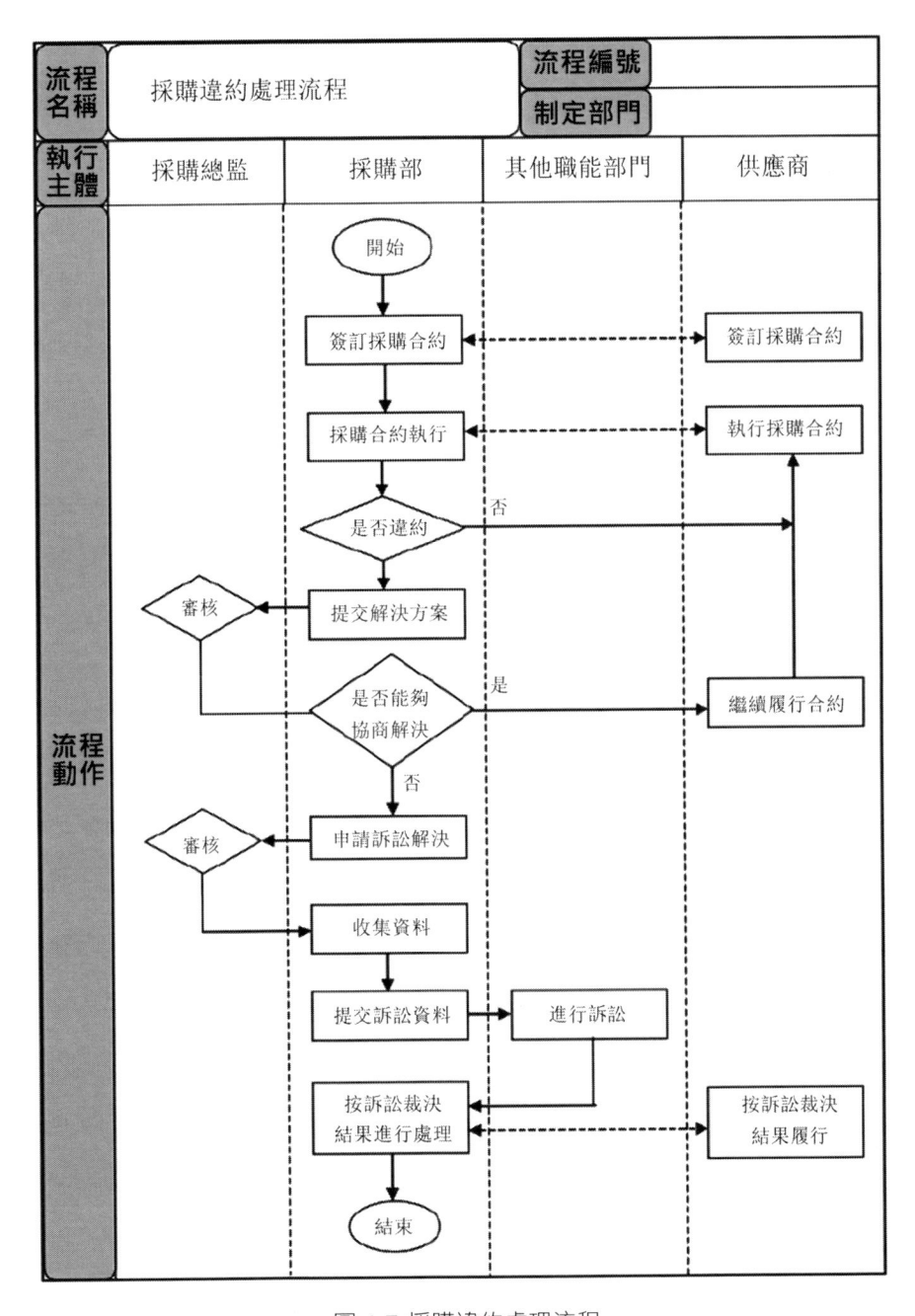

→ 採購合約執行 ←---→ 執行採購合約（供應商）

→ 是否違約？
- 否 → 執行採購合約
- 是 → 提交解決方案 ← 審核（採購總監）

→ 是否能夠協商解決？
- 是 → 繼續履行合約（供應商）
- 否 → 申請訴訟解決 ← 審核（採購總監）

→ 收集資料 → 提交訴訟資料 → 進行訴訟（其他職能部門）

→ 按訴訟裁決結果進行處理 ←---→ 按訴訟裁決結果履行（供應商）

→ 結束

圖 4-7 採購違約處理流程

85

4.3 採購過程管理標準

企業採購部在執行以下工作事項時，主要根據以下工作規範，最終達成如表 4-2 所示的工作成果。

表 4-2 採購過程管理業務工作標準

工作事項	工作依據與規範	工作成果或目標
招標採購管理	◆ 招標採購管理制度 ◆ 招標文件、招標評標定標記錄、定標結果	（1）招標流標比例低於____% （2）招標違規次數為0次
詢價採購管理	◆ 詢價採購管理制度、詢價工作流程 ◆ 詢價採購文件、報價文件、詢價比價單	（1）詢價採購及時率達____% （2）採購價格合理
集中採購管理	◆ 物資集中採購管理制度 ◆ 集中採購審批單、集中採購物資採購價格	（1）採購成本降低達____% （2）集中採購操作規範、合理
電子商務採購管理	◆ 電子商務採購管理制度 ◆ 電子商務採購訂單匯總表、電子商務採購貨品驗收單、電子商務採購貨品到貨通知單	（1）電子商務採購訂單按時完成率達____% （2）電子商務採購貨品品質合格率達____% （3）電子商務採購貨品到貨及時率達____%

採購過程管理業務在執行的過程中，應按照以下評估指標和評估標準對績效結果項目進行考核，具體內容如表 4-3 所示。

表 4-3 採購過程管理業務績效標準

工作事項	評估指標	評估標準
詢價採購	詢價採購及時率	1、詢價採購及時率＝規定時間內採購的訂單數／下發的採購訂單的總數×100% 2、詢價採購及時率應達到____%；每降低____%，扣____分；低於____%，本項不得分
詢價採購	採購價格合理性	1、通過將詢價採購物資價格與市場價格進行比較，確定其是否偏高 2、每發現一類採購物資的採購價格高於市場價格，扣____分
招標採購	招標流標比例	1、招標流標比例＝招標流標數量／總招標數量×100% 2、招標流標比例應低於____%；每增加____%，扣____分；高於____%，本項不得分
招標採購	招標違規次數	1、在招標採購期間違規進行操作的次數 2、每出現一次扣____分，累計到3次後，得0分
集中採購	採購成本降低率	1、採購成本降低率＝$\frac{前期採購成本－本期採購成本}{本期採購成本}$×100% 2、採購成本降低率應低於____%；每增加____%，扣____分；高於____%，本項不得分
集中採購	集中採購規範性	1、集中採購嚴格按照集中採購管理制度的規定進行，不得出現違規操作的行為 2、每發現一次違規操作行為，扣____分，____分為限。
電子商務採購	電子商務採購訂單按時完成率	1、電子商務採購訂單按時完成率＝$\frac{按時完成訂單量}{本期電子商務採購訂單總量}$×100% 2、電子商務採購訂單按時完成率應達到____%；每降低____%，扣____分；低於____%，本項不得分
電子商務採購	電子商務採購貨品品質合格率	1、電子商務採購貨品品質合格率＝$(1-\frac{品質不合格品數量}{本期電子商務採購總量})$×100% 2、電子商務採購貨品品質合格率應達到____%；每降低____%，扣____分；低於____%，本項不得分

表4-3(續)

電子商務採購貨品到貨及時率	1、電子商務採購貨品到貨及時率 $=\dfrac{按時到貨的採購貨品量}{本期電子商務採購貨品總量}\times 100\%$ 2、電子商務採購貨品到貨及時率應達到____%；每降低____%，扣____分；低於____%，本項不得分

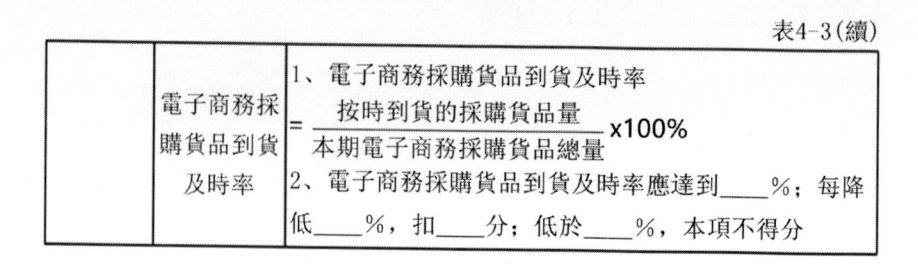

4.4 採購過程管理制度

採購過程管理制度對招標採購管理、詢價採購管理、集中採購管理和電子商務採購管理的採購過程和採購行為進行規範，具體解決了如圖4-8所示的問題。

採購過程管理

- 招標採購管理
  - 規範招標書的內容，杜絕內容不全
  - 規範評標規則和方法，避免出現不公平現象
  - 規範招標採購流程，避免採購違規操作
- 詢價採購管理
  - 規範詢價採購行為，避免出現採購價格偏高等問題
  - 規範詢價採購的詢價內容，避免出現內容不夠完整
- 集中採購管理
  - 規範集中採購的方式，避免集中採購不合理
  - 規範集中採購的範圍，避免集中採購和分散採購界定模糊
- 電子商務採購管理
  - 規範電子商務採購模式，避免採購不能有效實施
  - 規範電子商務採購流程，避免採購違規操作

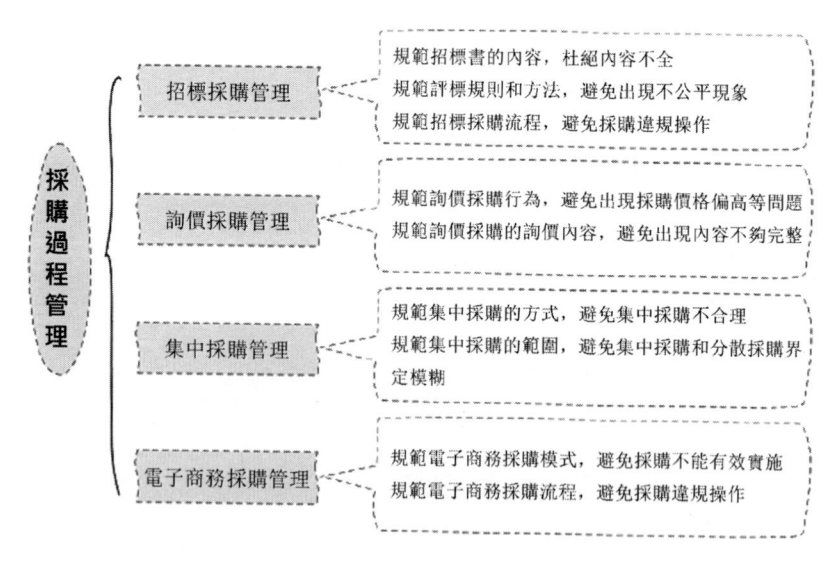

圖4-8 採購過程管理制度解決問題

招標採購管理制度如表4-4所示：

表 4-4 招標採購管理制度

制度名稱	招標採購管理制度	編　　號	
執行部門		監督部門		編修部門	

第一章　總則

第1條　目的。

為了規範採購招標行為，確保採購物資價格合理、品質合格，保證採購招標活動按公開、公平、公正原則進行招標，杜絕舞弊行為，特制訂本細則。

第2條　適用範圍。

本細則適用於公司的公開招標採購工作。

第3條　管理職責。

1、採購總監負責監督採購招標管理工作，並對招標產生的中標人進行審批。

2、採購經理負責監督採購招標實施工作，並負責審核中標人。

3、採購招標主管負責組織招標採購工作。

4、評審小組負責對投標人進行評審，確定合適的中標候選人員。

5、評審小組由採購招標主管、技術部人員、品管部人員及相關專家等組成。

第4條　招標原則。

招標活動以公開、公正和誠實信用為原則進行，任何單位和個人不得暗箱操作。

第二章　招標準備階段

第5條　招標確認。

招標採購主管在接收到相關部門的採購物資明細表時，對其進行審核，確定是否進行招標採購。具體的審批原則如下：

表4-4（續）

1. 採購金額在10萬元以上的物資，原則上必須實行招標採購。

2. 不能進行招標採購的情況

（1）採購金額在10萬元以下的。

（2）公司確定了長期合作夥伴關係的，採購經理或採購總監審批後，可以不進行招標。

（3）只有一家供應商能夠提供採購物資的。

（4）因技術、保密等特殊原因不能進行招標的。

第6條　招標專案審批。

招標採購主管確定其採購物資需進行公開招標時，報採購部經理審核，採購總監審批，審批通過後才能實施招標採購。

第7條　編制招標文件。

招標專案審批通過後，採購招標主管應根據招標專案本身的特點和要求編制招標文件。招標文件的編制要求如下：

1. 招標文件不得含有傾向或者排斥潛在投標人的內容。

2. 招標文件需包括招標通知、招標人須知、合約條款、投標書編制要求、投標保證金、履約保證金、標價表等內容。

第8條　招標文件的修改。

1. 採購招標主管對已經發出的招標文件保留有修改、澄清或者解釋的權利。

2. 在進行修改、澄清或者解釋時，採購招標主管應當在招標文件要求提交投標文件的截止時間前以書面形式通知所有招標文件收受人。

3. 招標文件修改、澄清或者解釋的內容為招標文件的組成部分。

第三章　招標階段

第9條　發布招標公告

1. 招標文件編制完成後，在正式招標工作開始之前，採購招標主管透過公共媒體及其他管道發布招標公告。

2. 招標公告的內容包括：招標人的名稱和地址、投標人的資質要求、招標採購物資的性質、數量、實施地點和時間及獲取招標文件的方式等事項。

4.4 採購過程管理制度

表4-4（續）

第10條 資格審查。

1.採購招標主管可以根據招標物資的要求，在招標公告中，要求潛在投標人提供相關的資質證明文件和業績情況，並對潛在投標人進行資格審查。

2.資格審查的項目包括投標人的組織機構、中標經驗、供貨能力、財務狀況等，投標人應當具備承擔招標專案的能力和良好資信。

第11條 發售招標文件。

1.採購招標主管將招標文件直接發售給通過資格預審的投標人，並要求投標人收到招標文件後立刻通知公司採購部。

2.通過資格審查的供應商可向招標人員購買招標文件，以便進行後續的投標工作。

3.招標人員不得向他人透露已經獲取招標文件的潛在投標人的名稱、數量以及可能影響公平競爭的有關招標投標的其他情況。

第12條 現場踏勘。

採購招標人員可以根據招標專案的具體情況，組織潛在投標人踏勘現場。

第四章 投標階段

第13條 投標文件管理。

1.編制投標文件的要求

投標人應當按照招標文件的要求和投標文件的具體要求編制投標文件，投標文件的具體要求如下：

(1)投標文件應當對招標文件提出的實質性要求和條件做出響應。

(2)投標文件應當由投標人的法人代表或者授權代理人簽署並加蓋公章後密封。

2.按時遞交。投標人應當在招標文件要求提交投標文件的截止時間前，將投標文件送達投標地點。

3.簽收保存。採購招標主管收到投標文件後，應當簽收保存，不得開啟。

4.文件拒收。在招標文件要求提交投標文件的截止時間後送達的投標

91

表4-4（續）

文件，採購招標主管應當拒收。

5.文件修改。投標人在招標文件要求提交投標文件的截止時間前，可以補充、修改或者撤回已經提交的投標文件，並書面通知招標人，該補充、修改的內容為投標文件的組成部分。

第14條 投標保證金、履約保證金及質量保證金的規定。

1.公司招標規則要求投標人交納投標保證金的，所有的投標人必須在投標時或投標前交納投標保證金後方可參與投標，投標保證金按照＿＿萬元收取。

2.待確定中標人後，未中標的投標人的投標保證金如數退還。

3.中標的投標人待簽訂正式合約後，投標保證金自動轉為履約保證金。

4.中標人不與我公司訂立合約的，投標保證金不予退還。

第15條 投標禁止事項。

1.投標人不得相互串通投標報價，不得排擠其他投標人的公平競爭，損害招標或其他投標人的合法權益。

2.禁止投標人以向招標人或招標領導小組行賄的手段謀取中標。

3.禁止投標人以他人名義投標或以其他方式弄虛作假，騙取中標。

第五章　定標階段

第16條　組建評標委員會。

採購招標主管負責成立評標小組，由其負責對收到的投標書做出評審，並用統一的評標標準評出中標候選人。

第17條　開標條件。

1.開標之前，評標小組及時制定開標方案，確定開標會議議程。

2.開標會議的時間和地點必須和招標公告中規定一致，並邀請投標人或其委派的代表參加。

第18條　開標、唱標。

1.開標時，應由招標採購主管以公開的方式檢查投標文件的密封情況，當眾宣讀投標人名稱、有無撤標情況、提交投標保證金的方式是否符合要求、投標專案的主要內容、投標價格以及其他有價值的內容。

表4-4（續）

 2.唱標時，需當眾宣讀投標書，對於投標文件中含義不明確的地方，允許投標人做簡要解釋，但解釋範圍不能超過頭標文件記載的範圍或改變投標文件內容。

第19條 開標記錄。

開標時由採購專員做開標記錄，其記錄的內容主要包括採購物資名稱、招標號、刊登招標通告的日期、發售招標文件的日期、購買招標文件單位的名稱、投標人的名稱及報價、截標後收到標書的處理情況等。

第20條 開標變更。

在特殊情況下，可以暫緩或推遲開標時間，特殊情況包括但不限於以下4種：

 1.招標文件發售後對原招標文件做了變更或補充。

 2.開標前，發現有足以影響採購公正性的違法或不正當行為。

 3.採購單位接到質疑或訴訟。

 4.變更或取消採購計畫。

第21條 審查投標文件。

在唱標之後，評標小組將對投標文件進行審查，其具體的審查要點如下：

 1.評標小組首先對所有投標文件進行審查，對不符合招標文件基本條件的投標確定為無效。

 2.對投標文件不明確的地方進行必要的澄清和提問，但不能做實質性修改。

 3.按照招標文件中確定的評標標準和方法對投標文件進行評審和比較。

第22條 評標方法。

 一般情況下，招標採購評標過程常用的評標方法為最低評標法、綜合評標法和性價比法，評標小組應視具體情況選擇合適的評標方法，以確保企業的採購利益。

第23條 評標報告。

評標小組及時撰寫評標報告，並向採購招標主管推薦1~3個中標候選人。

第24條 確定中標人。

 1.採購招標主管需從標準小組推薦的中標候選人中確定中標人，並報

表4-4（續）

採購經理審核，採購總監審批。

2.一般情況下排位第一的中標候選人願意簽訂採購合約，並且沒有收到與其相關的舉報和其他資訊時，便可確定其為中標人。

3.中標人因不可抗力或者其自身原因不能履行採購合約的，招標委員會需確定排在中標人之後的一位中標候選人為中標人。

第25條　中標結果核准。

1.確定中標人後，公司將於5日內持評標報告到招標管理機構核准。

2.中標結果經招標管理機構核准同意後，招標委員會便可向中標單位發放「中標通知書」。

第26條　中標公告發布。

1.採購招標主管對外發布中標公告，公告內容包括招標物資名稱、中標人名單、評標小組成員名單、本公司的名稱和電話等。

2.發布公告的同時，採購招標主管應向中標人發出中標通知書。

第六章　採購談判與合約簽訂

第27條　合約談判。

1.根據中標通知書要求的時間、地點和中標內容，採購部與中標人進行合約談判，並與中標人簽定書面合約。

2.合約必須在30日內訂立，合約的內容不得對招標文件和中標人的投標文件作實質性修改。

第28條　合約起草與確定。

1.採購合約由採購部負責起草，公司法律顧問予以協助配合。

2.合約草案編制完畢後，應送採購部經理與法律顧問審核，按照審核意見修改後，報告總經理批准後方定為正式合約。

第29條　合約簽訂注意事項。

1.盡量採用由工商部門監制的合約樣本簽合約。

2.簽訂合約時合約條款必須能確保本公司的利益不受損，在可能的情況下，應規定貨到驗收合格後付款，中標人所提供的物資要求在我方進行轉移、在一定期限內無償提供售後服務等。

4.4 採購過程管理制度

表4-4(續)

3.簽訂合約時應擬定誠信條款，雙方都必須嚴格遵守，對未能完全履行合約的處理方法需要列明。					
第30條　合約執行。					
採購過程中的各種事項均應按照合約相關條款執行，合約未盡事宜，應由採購部和供應商協商確定處理方法。					
第七章　附則					
第31條　本制度由採購部制定，其解釋和修改權歸採購部所有。					
第32條　本制度需報總經理審批通過後，自公布之日起生效。					
編制日期		審核日期		批准日期	
修改標記		修改處數		修改日期	

詢價採購管理制度如表4-5所示：

第 4 章 採購過程管理業務·流程·標準·制度

表 4-5 詢價採購管理制度

制度名稱	詢價採購管理制度		編　　號	
執行部門		監督部門	編修部門	

第1條　目的。

為了規範公司採購活動中的詢價工作，了解市場物資的價格情況，有效控制採購價格，使採購工作順利進行，特制定本規範。

第2條　適用範圍。

本規範適用於公司的物資採購工作，且所涉及的物資採購，既包括生產所需的各項原材料、輔助性材料、各類設備以及配件的採購，也包括公司所需的辦公物資的採購。

第3條　管理職責。

1. 採購總監負責採購詢價最終結果的審核。

表4-5(續)

2.採購部經理負責制定採購詢價方案,組織並監督實施詢價工作。
3.採購人員負責落實採購的具體詢價工作。
4.其他相關部門負責提出提交採購需求申請與相關資料。

第4條 制訂詢價計劃。

相關部門提出採購需求,並經批准後由採購部經理根據公司採購計劃和採購物資的急需程度與規模制訂採購詢價計劃。

第5條 成立詢價小組。

1.根據公司實際情況成立詢價小組,詢價小組需有採購人員和相關專家共__人以上的單位組成,其中專家人數不得少於成員總數的三分之二,且以隨機的方式確定。

2.詢價小組成員名單在成交結果確定前需保密。

第6條 確定採購詢價方式。

採購人員進行採購詢價的方式主要包括口頭詢價和書面詢價兩種方式,具體內容如下表所示。

詢價方式及其具體內容

詢價方式	具體說明
口頭詢價	●採購人員以電話、電子郵件或當面向供應商說明採購物資的品名、規格、單位、數量、交貨期限、交貨地點、付款方式以及報價期限等
書面詢價	●鑒於口頭詢價容易引起的交易糾紛,對於規格複雜且不屬於標準化的物資,採購部應採用書面詢價的方法進行詢價,並由採購人員將詢價文件發送給供應商

第7條 確定詢價供應商名單。

1.詢價小組負責收集供應商相關資料,透過查閱供應商資訊庫和市場調查報告掌握供應市場動態。

2.採購詢價小組根據市場調查與分析結果選擇__家符合條件的詢價供應商名單;對於非初購的物資,採購人員須在供應商資料庫中查詢原供應商,並將其直接列入詢價供應商名單。

表4-5(續)

3.採購詢價小組需將詢價供應商名單交採購部經理審核。

第8條　制定採購詢價單

1.詢價供應商名單採購部經理審核確認後，詢價小組編制「採購詢價單」。詢價單包括但不限於以下14項內容：

採購詢價單內容一覽表

序號	採購詢價單內容項目	序號	採購詢價單內容項目
1	採購物資的品名和料號	8	物資包裝要求
2	物資需求數量	9	運送方式、交貨方式
3	採購物資的規格資訊	10	交貨地點
4	採購物資的資料要求	11	採購人員姓名及聯繫方式
5	採購報價基礎要求	12	報價截止日期
6	付款條件	13	保密協議內容
7	交期要求	14	售後服務與保證期限要求

2.採購詢價過程中，屬需附圖獲規範的物資，詢價小組在發送詢價單時附送圖紙或規範至詢價供應商。

3.採購詢價過程中，屬設備類物資，詢價單中應至少註明如下所示的4項內容：

(1)供應商必須提供設備運轉＿＿＿＿年以上的品質承諾，且保修期內所需的各項備品由供應商無償提供。

(2)供應商必須列舉保修期內及保修期滿後，保養所需的備品明細，包括品名、廠牌、規格、單價、更換週期及備品價格的有效年限與調價原則。

(3)供應商需提供設備的裝運條件及其重量、體積。

(4)設備的安裝和試運行條件。

4.外購物資應直接向國外供應商詢價，若供應商透過國內代理商報價，國內代理商需轉送國外供應商的原始報價資料。

第9條　製作採購報價單。

4.4 採購過程管理制度

表4-5(續)

詢價小組根據公司的採購計劃，編制報價單。報價單具體內容如下表所示。

報價單

物資名稱		規格		材質		特性	
價格資訊							
幣別	付款方式	報價有效期限		報價(單價)		
				出廠價	批發價	零售價
		___年___月___日 至 ___年___月___日				
供應商訊息							
名稱		地址		聯繫方式			

單位蓋章(簽字)：
___年___月___日

第10條　發出詢價通知。

詢價小組將詢價單和報價單以傳真或郵件形式發放給供應商，並要求供應商在規定的期限內進行報價。對於逾期報價情形，詢價小組一律不予受理(經採購總監核准者除外)。

第11條　詢價整理與結果呈報。

1.詢價小組在截止報價後，要整理分析所有報價，編制「採購詢價報告」交送採購部經理審核。

2.經採購部經理審核並提出修改意見後，採購總監對「採購詢價報告」進行審批，確定供應商。

3.採購人員根據審批結果，執行採購。

第12條　本規範由採購部制定、修訂與解釋。

第13條　本規範由總經理審批後實施。

編制日期		審核日期		批准日期	
修改標記		修改處數		修改日期	

集中採購管理制度如表 4-6 所示：

表 4-6 集中採購管理制度

制度名稱	集中採購管理制度		編　　號	
執行部門		監督部門		編修部門

第一章　總則

第1條　目的。

為了加強公司物資採購管理，規範採購行為，發揮規模優勢，降低營運成本，保障有效供給，根據國家有關法律法規和集團公司有關規定，制定本制度。

第2條　適用範圍。

本制度適用於較大數量和較大經濟價值物資的集中採購。

第3條　採購原則。

公司集中採購應遵循以下的具體原則：

1. 親屬迴避原則。
2. 貨比三家原則。
3. 集體決策原則。
4. 決策執行分離原則。

第二章　成立集中採購組織

第4條　成立組織機構

公司可成立集中採購中心，公司集中採購中心領導小組由主管物資的領導及物資管理部、計劃部、財務部、審計部、紀檢部等部門負責人組成。日常管理工作由公司物資管理部負責實施。

第5條　明確組織機構職責。

1. 公司集中採購領導小組職責

(1)對參加招標的供應商進行資格認證及評審。

(2)對供應商物資報價進行比值比價評標。

4.4 採購過程管理制度

表4-6(續)

(3)確定中標供應商，委託公司物資管理部實施採購。

2.物資管理部職責

(1)物資管理部是集中採購實施的部門。

(2)集中採購物資符合「集中採購物資計畫匯總表」中規定的品質、價格、交貨期要求的監督工作。

(3)負責大宗集中採購具體工作，收集招標報價及供方資格上報採購中心領導小組進行比價評標。

(4)負責組織物資集中比質比價招標採購的合約簽訂工作，採購合約及中標供應商聯繫方式及時傳遞專案部，建立順暢的溝通。

(5)負責集中採購物資的結算付款工作。

第三章　集中採購管理

第6條　集中採購物資範圍。

集中採購具體的物資範圍如下所示：

1.生產物資(包括原材料、原器件等)。

2.固定資產(包括生產設備、機動設備、辦公設備、通訊設備等)。

3.辦公用品。

4.工程專案。

第7條　集中採購方式。

公司集中採購方式可採用公開招標、邀請招標、競爭性談判、詢價或集中採購領導小組認定的其他採購方式進行。採購人員需要根據標準選擇集中採購的方式。具體的標準如下所示。

1.單筆採購金額在200萬元以上，採取公開招標或邀請招標方式出具評審意見，據以定標。

2.單筆採購金額在200萬元以下，可以採取詢價、競爭性談判等方式，組織評委評審並根據採購額按照採購審批權限審定。

3.特殊產品可採取邀請招標和競爭性談判的方式審定。

第8條　採購價格的確定。

採購價格的確定要堅持貨物品質比「三家」、價格比「三家」，堅持優

101

表4-6（續）

質優價的原則。具體原則如下所示：

　　1. 公開或邀請招標採購的按中標價。

　　2. 議標採購的不高於市場價。

　第9條　採購供應商的初步確定。

　　1. 物資管理部根據經過評價的合格供方資料填寫「物資供應商評價表」，評價表需包括企業體質、資信、價格、服務、安全、環保、聯繫方式等資訊。

　　2. 物資管理部根據供方資料，初步選定合格的供方進行評審，合格供方評審小組由物資管理部與物資需求部門人員組成，合格供方評審的準則如下所示：

　　(1) 有具有國家或行業認可的資格。

　　(2) 應具有營業執照、產品的生產許可證。

　　(3) 應具有產品檢驗合格證明。

　　(4) 供方的產品應滿足環境保護和職業健康安全要求。

　第10條　物資審批及採購流程。

　　1. 各單位必須在每月25日前上報次月採購計劃，填寫物資採購申請表，註明單價、數量、總金額、供貨單位等。

　　2. 採購計劃由使用單位負責人簽字後，報公司物資管理部匯總，由物資管理部在庫存中調配，不能調配的，上報主管領導審批確定進行集中採購，審批權限如下所示：

　　(1) 總金額在5萬元(含5萬元)以下的由主管審查。

　　(2) 5萬元以上的由總經理審核。

　　3. 物資採購計劃審核結束後，由物資管理部初步挑選合適的供貨商，集中採購領導小組進行詢價採購或招標談判，確定最終供應商後，由集中採購領導小組簽訂合同，報法務部審核、用印。

　　4. 物資管理部負責物資驗收、入庫等環節的監督。

　第11條　採購監督。

　　公司紀檢部門將不定期組織對物資採購活動進行監督檢查，監督檢查的重點內容如下所示：

表4-6(續)

| 1. 集中採購活動是否符合物資集中採購管理制度。 |
| 2. 採購計劃編制是否符合實際，有無盲目採購。 |
| 3. 採購方式是否符合規定。 |
| 4. 採購價格是否符合定價原則。 |

第四章　總則

第12條　本制度由採購部制定，其解釋和修改權歸採購部所有。

第13條　本制度需報總經理審批通過後，自公布之日期生效。

編制日期		審核日期		批准日期	
修改標記		修改處數		修改日期	

電子商務採購管理制度如表4-7所示：

表 4-7 電子商務採購管理制度

制度名稱	電子商務採購管理制度		編　　號	
執行部門		監督部門		編修部門	

第一章　總則

第1條　目的。

為了確保電子商務採購工作的順利進行，從而提高採購的效率，降低採購成本，保證採購物資的按時送達，特制定本制度。

第2條　適用範圍。

本制度適用於一般電子商務的採購管理工作。

第3條　管理制度。

1. 採購經理負責電子商務採購模式的選擇和電子商務採購網站的構建。
2. 電子商務採購主管主要負責監督電子商務採購工作。
3. 電子商務採購人員主要負責電子商務採購工作。

第4條　術語解釋。

表4-7(續)

　　1.電子商務是指交易雙方利用互聯網，按照一定的標準進行的各類商業活動，實施商務活動的電子化。

　　2.電子商務採購是利用電子商務形式進行的採購活動，因為電子商務主要是在互聯網上進行，所以電子商務採購又稱為網路購物。

第二章 電子商務採購模式

第5條　確定電子商務採購模式。

　　企業採購經理在確定實施電子商務採購之前，首選需確定具體的電子商務採購模式，具體可根據實際情況進行選擇。

第6條　自建電子商務系統。

　　企業可以自己建立並控制電子商務系統，吸引供貨商進行投標或談判，進而實施採購。企業自建電子商務系統需要大量的資金投入和系統維護成本。

第7條　利用供應商電子商務系統。

　　企業可以利用供應商建立的電子商務系統進行採購。供應商為了增加市場佔有率，也會以互聯網作為銷售通路建立電子商務系統。企業採用此種模式進行採購無需任何投資就可以進行，節約成本。

第8條　利用第三方電子商務系統。

　　企業可以利用第三方電子商務系統進行採購。第三方系統既不單獨屬於買方系統，也不單獨屬於賣方系統，而是第三方在互聯網上建立的專業提供服務的系統。

第三章 電子商務採購實施程式

第9條　電子商務採購分析與策劃。

　　1.採購人員首先需要對現有的採購流程進行優化，制定出適宜網路交易的標準採購流程。

　　2.採購人員需配合企業相關領導來建立網站以便進行後續的電子商務採購，採購人員也可申請加入一些有實力的採購網站，透過他們專業的服務享受豐富的供需資訊。

　　3.企業可以透過虛擬主機、主機代管、自建主機等方式來建立網站，

表4-7（續）

建立網站的形式可根據情況進行選擇。

　　第10條　發布招標採購資訊。

　　1.採購人員透過互聯網發布招標採購資訊，具體發布的內容包括招標書和招標公告。

　　2.在招標書或招標公告中要詳細說明對物料的要求，包括品質、數量、時間、地點，以及對供應商的資格要求。

　　3.採購人員可透過搜尋引擎尋找供應商，主動向他們發送電子郵件，對欲購物料進行詢價，廣泛收集報價資訊。

　　第11條　選擇供應商。

　　1.供應商得到相關的採購資訊之後，對採購人員作出相應的回應，對於自建網站的，供應商登錄採購公司電子商務網站，進行網上資料的填寫和報價，提供貨源資訊。

　　2.採購人員對供應商進行初步篩選，收集投標書或與之進行商務談判，然後由程式按設定的標準進行自動選擇或由評標小組進行分析評比選擇。

　　3.在確定供應商之後，採購人員在網上公布中標單位和價格。如有必要，需對供應商進行實地考察。

　　第12條　簽訂採購合約。

　　1.採購人員在與供應商經過認真的談判和協商之後，應明確在交易中的權利、義務以及所購買商品的數量、種類、價格、交貨地點、交貨期、交易方式、運輸方式、違約和索賠等合約條款。

　　2.採購人員和供應商在簽訂採購合約之前，需要準備以下資料：

　　(1)採購方將詢價、報價、訂單訂購變更單、運輸說明、付款通知等文件轉換成標準報文的形式發送給供應商參考。

　　(2)供應商則以合約的方式向採購方發送各種商貿單證、文件供採購人員確認，包括報價單、還價、訂購單應答、發貨通知、發票等。

　　3.待採購人員和供應商雙方在電子交易合約上作出全面詳細的規定之後，便可以利用電子資料交換或網路簽訂採購合約，簽訂採購合約主要是透過數位簽章的方式進行。

　　第13條　合約履行。

　　在交易雙方簽訂完採購合約之後，供應商要進行配貨、組貨，並將商品

表4-7（續）

交付給配送公司包裝、起運、發貨。交易雙方可以透過電子交易的伺服器追蹤發出的貨物。

第14條 支付結算。

1. 採購人員在收到供應商的發貨通知或採購商品後，就要用電子現金或電子支票等形式的電子貨幣進行支付。

2. 採購人員支付完畢之後，就可以由買賣雙方的開戶行與信用狀公司之間透過認證機構、清算系統，進行最後的資金清算工作。

3. 在購入商品後，採購方還應對供應商售後服務的及時性、主動性等進行跟進，以便對產品使用過程中出現的故障進行維修。

第四章 總則

第15條 本制度由採購部制定，其解釋權歸採購部所有。

第16條 本制度經總經理審批通過後，自頒布之日起實施。

編制日期		審核日期		批准日期	
修改標記		修改處數		修改日期	

第 5 章 採購進度管理業務·流程·標準·制度

5.1 採購進度管理業務模型

採購進度管理是指採購部預先設定採購作業期限,對採購作業關鍵環節實施監控,在規定的作業期限內完成採購工作的一系列活動。

按照導圖中所列的關鍵工作事項執行採購進度管理工作,有助於及時獲得企業生產經營活動所必需的原材料、設備、輔料等物資,保證企業生產經營活動的順利展開,具體內容如圖 5-1 所示。

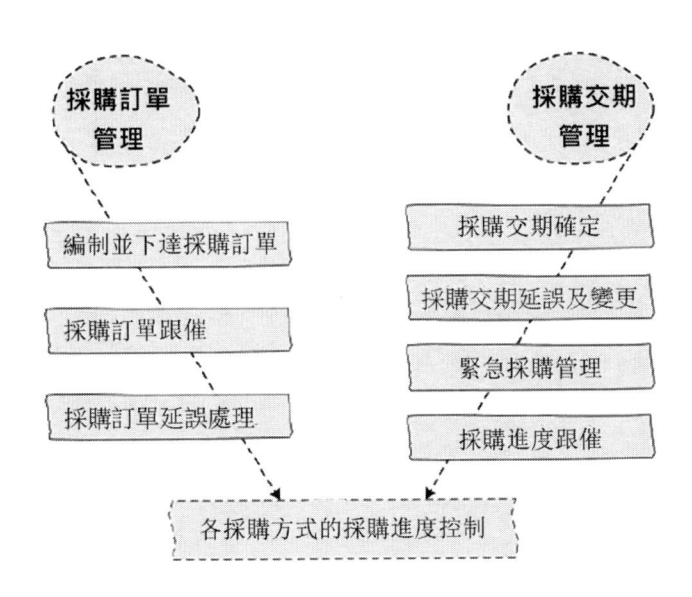

圖 5-1 採購進度管理業務心智圖

在採購進度管理方面,採購部主要負責採購訂單管理和採購交期管理等工作,品管部、生產部、倉儲部、運輸部應配合採購部做好採購進度管理各方面的工作。

明確採購進度管理主要工作職責，企業能夠避免因採購作業失誤而造成的停產、延期交付、生產計劃調整等問題，降低採購成本，具體內容如表 5-1 所示。

表 5-1 採購進度管理主要工作職責說明表

工作職責	職責具體說明
採購交期管理	1. 採購部負責採購詢價過程、訂貨過程及交貨過程的進度控制工作 2. 採購部須合理地確定採購交期，及時與供應商協商交期變更事宜，事先確定採購延誤處理措施，制定採購延誤的應急方案 3. 採購部根據不同採購方式確定採購交期控制要點 4. 採購部負責緊急採購的審批、執行工作，並協同品管部做好緊急採購物資的品質驗收工作
採購訂單管理	1. 採購部根據採購計劃，與供應商協商確定出合理的採購訂單交期 2. 採購部負責跟單的採購人員(後文簡稱「跟單員」)須提前編制採購訂單跟催工作方案，經採購經理審批後實施 3. 採購部跟單員及時與外部供應商相關部門責任人員溝通，做好供應商供貨跟催、採購訂單跟催、物資配送等工作 4. 採購部跟單員及時與質量部、倉儲部、財務部做好溝通，做好運輸跟催、驗收入庫跟催及付款跟催等工作

5.2 採購進度管理流程

採購進度管理流程按照並列式結構，可分為採購進度控制流程和採購進度跟催流程兩個主要流程，具體內容如圖 5-2 所示。

5.2 採購進度管理流程

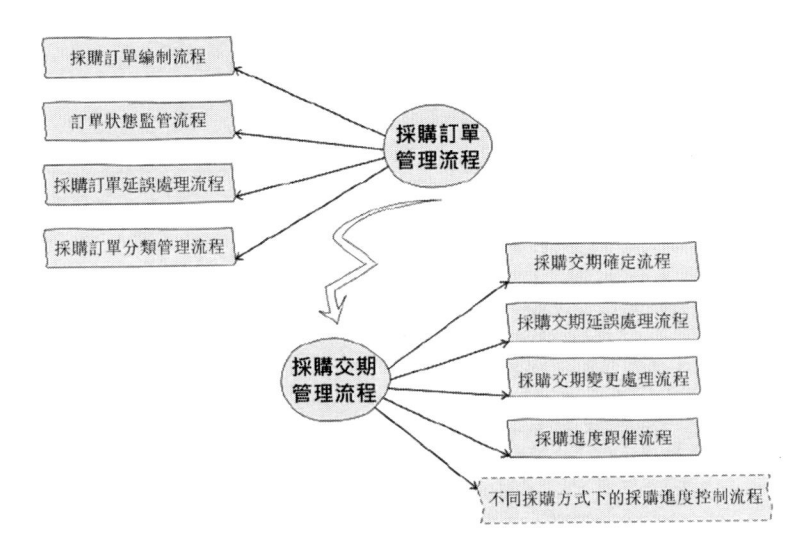

圖 5-2 採購進度管理主要流程設計導圖

採購交期管控流程如圖 5-3 所示：

第 5 章 採購進度管理業務·流程·標準·制度

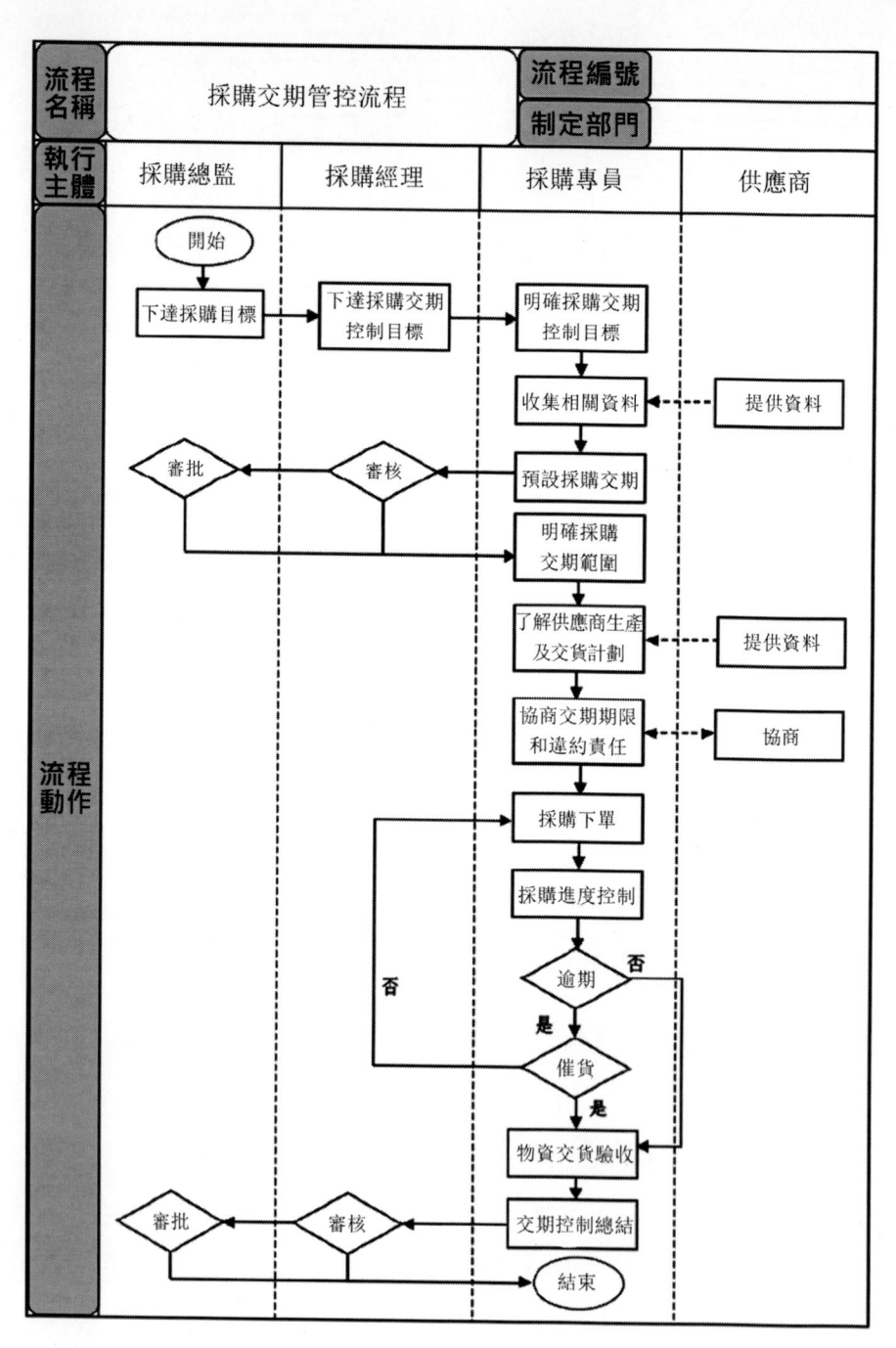

流程名稱	採購交期管控流程		流程編號	
			制定部門	
執行主體	採購總監	採購經理	採購專員	供應商

流程動作：

```
                              開始
                                │
                                ▼
下達採購目標 ──→ 下達採購交期控制目標 ──→ 明確採購交期控制目標
                                                    │
                                                    ▼
                                              收集相關資料 ←---- 提供資料
                                                    │
   審批 ←── 審核 ←──────────────── 預設採購交期
                                                    │
                                                    ▼
                                              明確採購交期範圍
                                                    │
                                                    ▼
                                         了解供應商生產及交貨計劃 ←---- 提供資料
                                                    │
                                                    ▼
                                         協商交期期限和違約責任 ←---- 協商
                                                    │
                         ┌──────────────────→ 採購下單
                         │                          │
                         │                          ▼
                         │                    採購進度控制
                         │                          │
                         │                          ▼
                         │                       逾期 ──否──┐
                         │否                       │是      │
                         └───────────────────── 催貨         │
                                                  │是       │
                                                  ▼←───────┘
                                            物資交貨驗收
                                                  │
   審批 ←── 審核 ←──────────────── 交期控制總結
                                                  │
                                                  ▼
                                               結束
```

圖 5-3 採購交期管控流程

5.2 採購進度管理流程

訂單狀態監管工作流程如圖 5-4 所示：

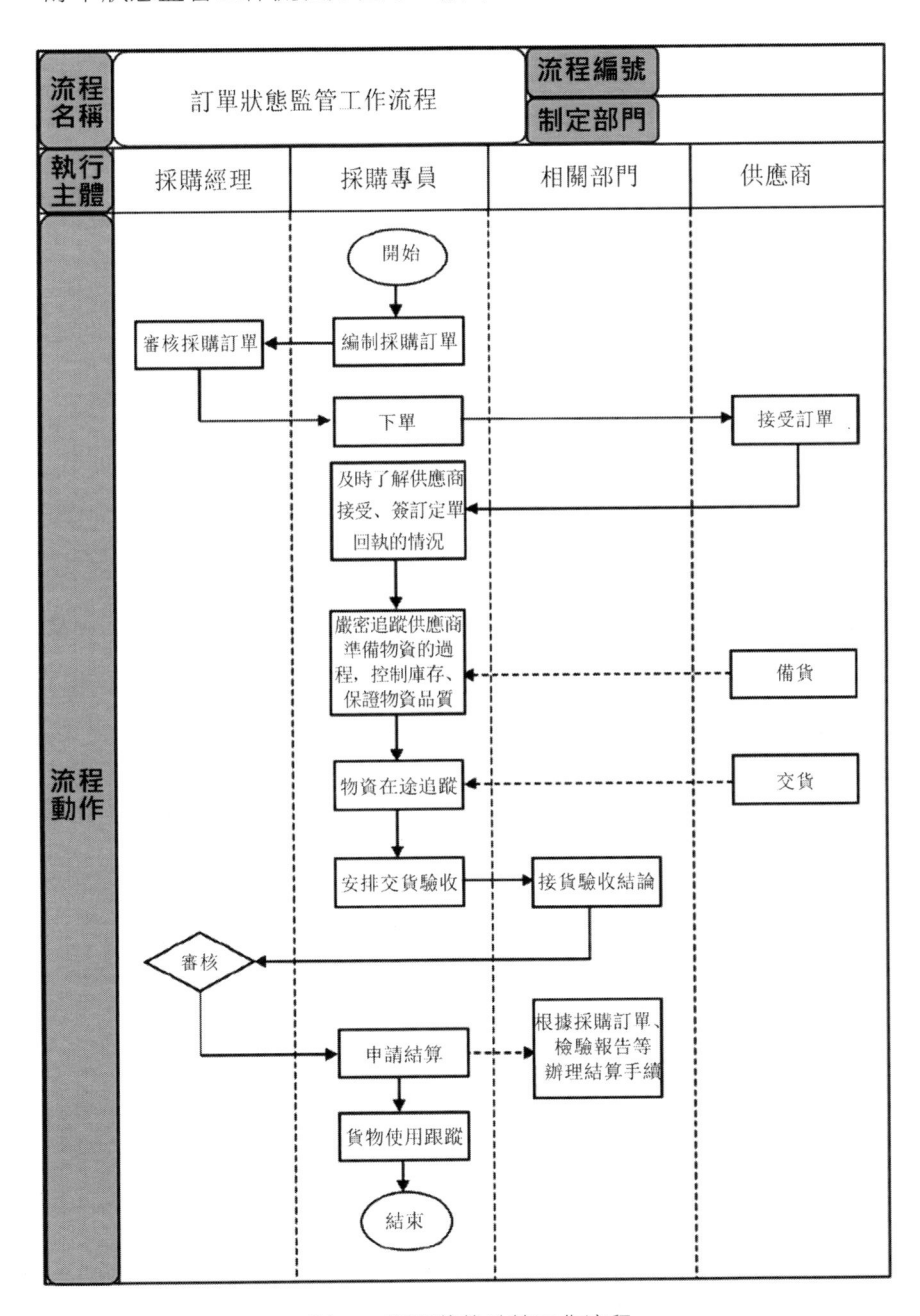

流程名稱	訂單狀態監管工作流程		流程編號	
			制定部門	
執行主體	採購經理	採購專員	相關部門	供應商
流程動作	審核採購訂單	開始 → 編制採購訂單 → 下單 → 及時了解供應商接受、簽訂定單回執的情況 → 嚴密追蹤供應商準備物資的過程，控制庫存、保證物資品質 → 物資在途追蹤 → 安排交貨驗收 → 審核 → 申請結算 → 貨物使用跟蹤 → 結束	接貨驗收結論 → 根據採購訂單、檢驗報告等辦理結算手續	接受訂單 → 備貨 → 交貨

圖 5-4 訂單狀態監管工作流程

第 5 章 採購進度管理業務·流程·標準·制度

國際採購進度控制流程如圖 5-5 所示:

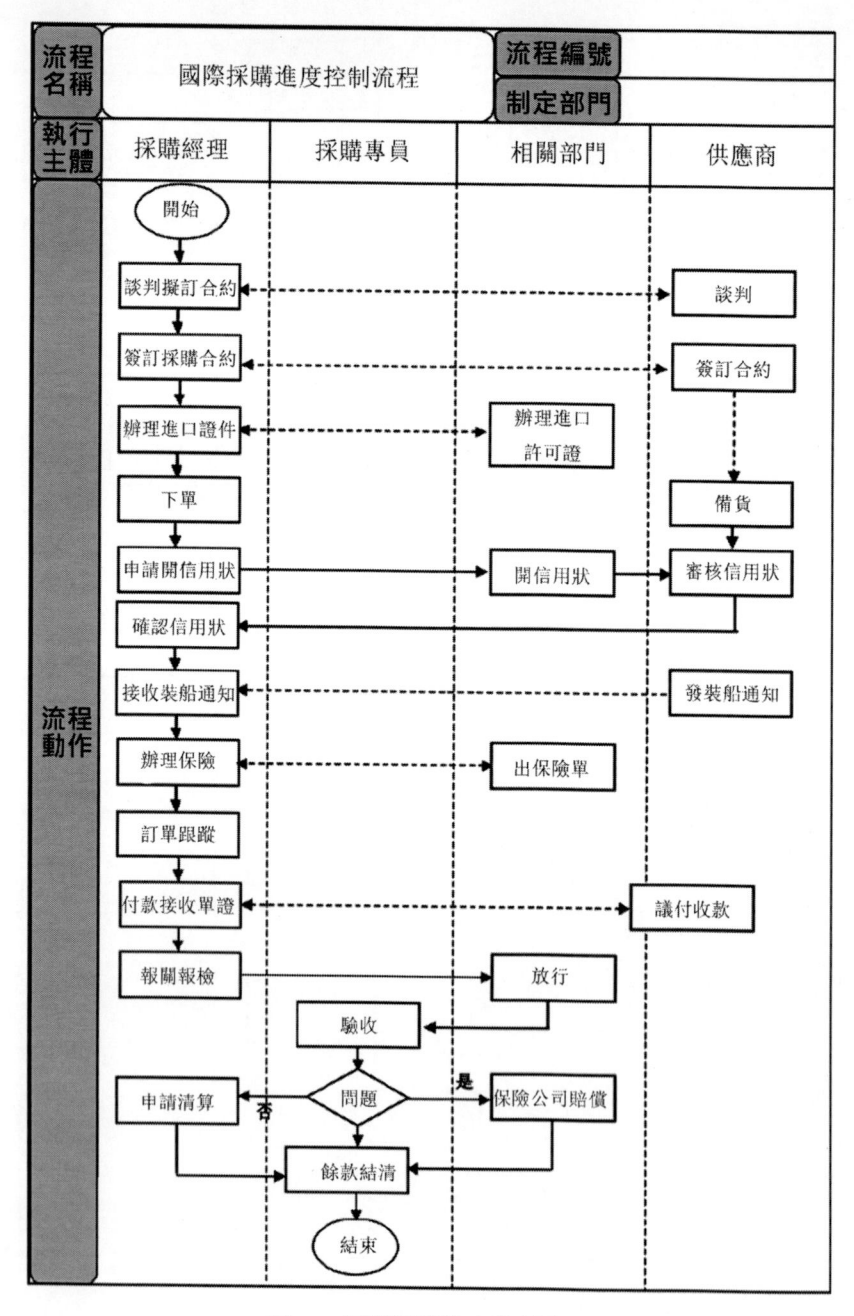

流程名稱	國際採購進度控制流程		流程編號	
			制定部門	
執行主體	採購經理	採購專員	相關部門	供應商
流程動作	開始 → 談判擬訂合約 → 簽訂採購合約 → 辦理進口證件 → 下單 → 申請開信用狀 → 確認信用狀 → 接收裝船通知 → 辦理保險 → 訂單跟蹤 → 付款接收單證 → 報關報檢 → 申請清算		辦理進口許可證、開信用狀、放行、驗收、問題（是/否）、保險公司賠償、餘款結清 → 結束	談判、簽訂合約、備貨、審核信用狀、發裝船通知、議付收款

圖 5-5 國際採購進度控制流程

5.2 採購進度管理流程

採購交期延誤處理流程如圖 5-6 所示：

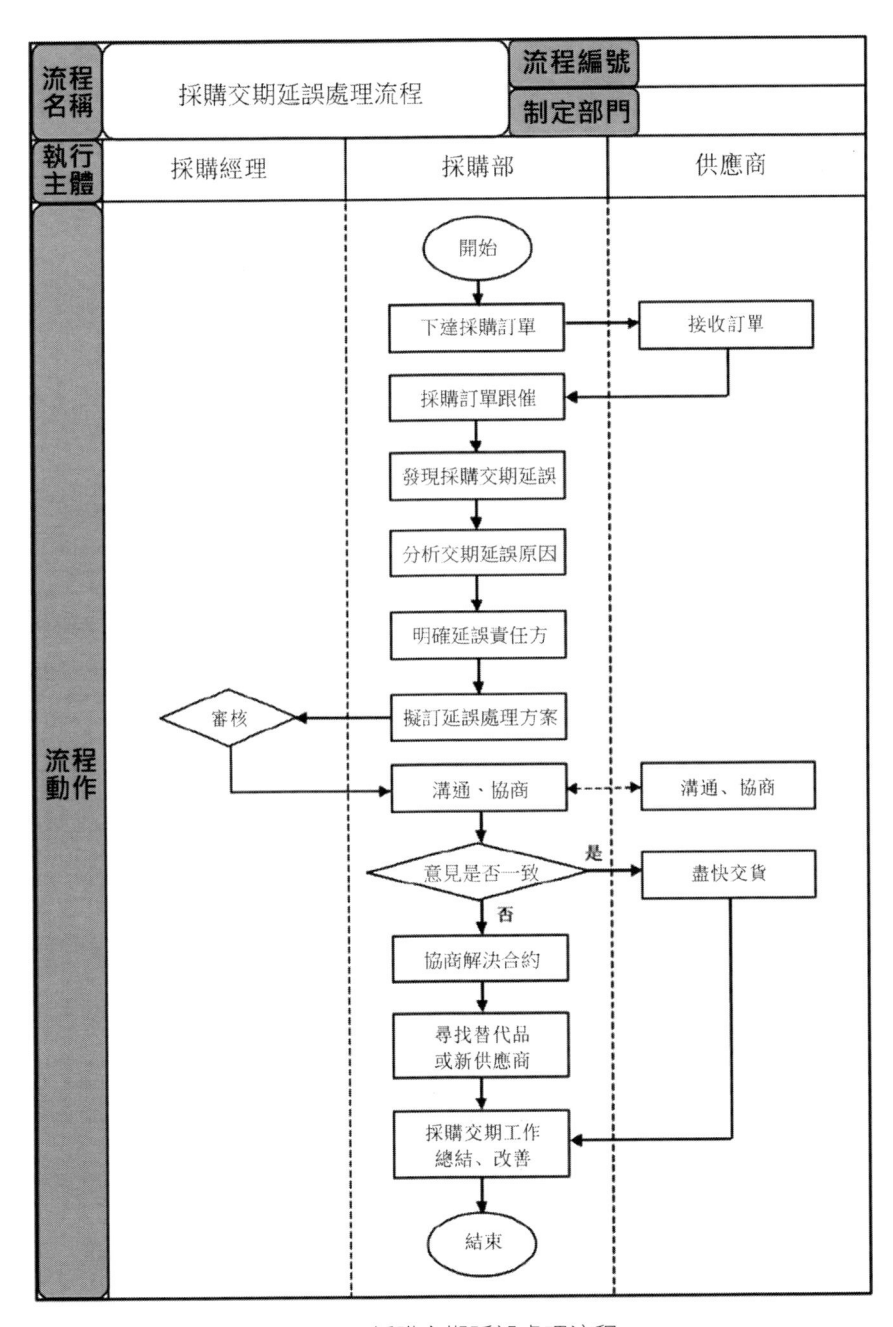

流程名稱	採購交期延誤處理流程	流程編號	
		制定部門	
執行主體	採購經理	採購部	供應商
流程動作	審核	開始 → 下達採購訂單 → 採購訂單跟催 → 發現採購交期延誤 → 分析交期延誤原因 → 明確延誤責任方 → 擬訂延誤處理方案 → 溝通、協商 → 意見是否一致 否→ 協商解決合約 → 尋找替代品或新供應商 → 採購交期工作總結、改善 → 結束	接收訂單 / 溝通、協商 / 盡快交貨

圖 5-6 採購交期延誤處理流程

115

採購交期變更處理流程如圖 5-7 所示：

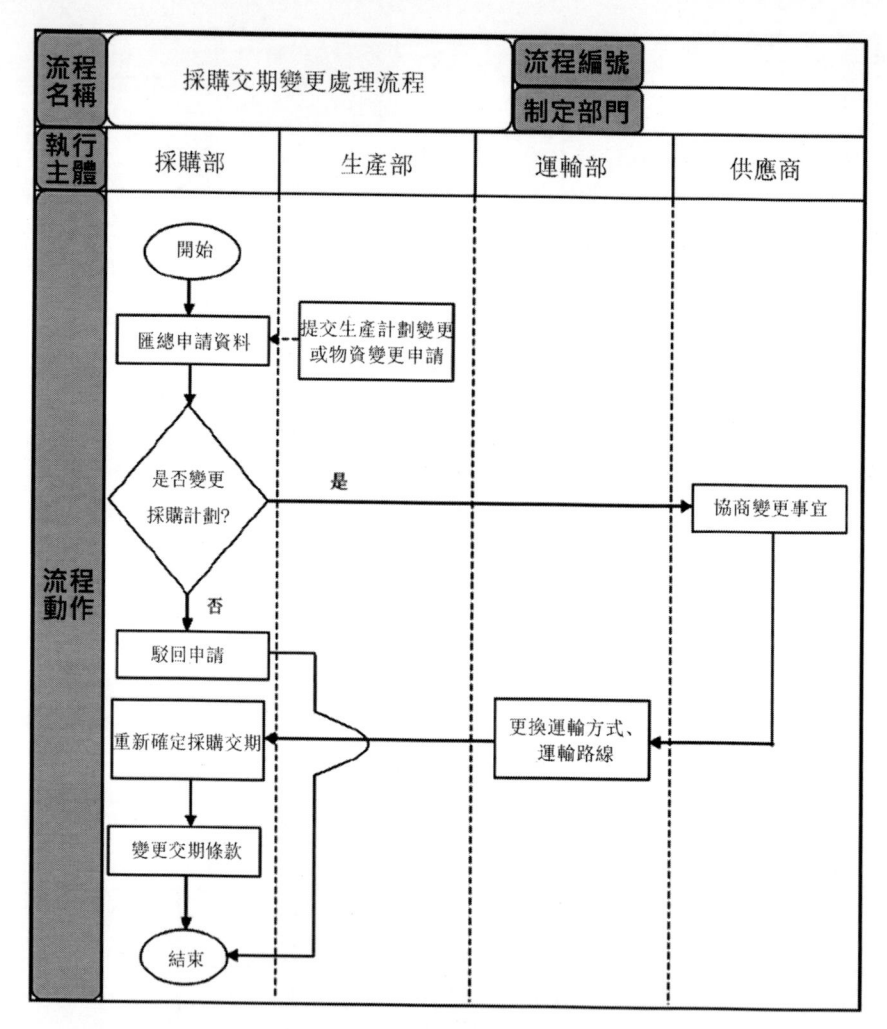

流程名稱	採購交期變更處理流程		流程編號	
			制定部門	
執行主體	採購部	生產部	運輸部	供應商

```
流程動作:
開始 → 匯總申請資料 ← 提交生產計劃變更或物資變更申請
  ↓
是否變更採購計劃? —是→ 協商變更事宜
  ↓否
駁回申請
  ↓
重新確定採購交期 ← 更換運輸方式、運輸路線
  ↓
變更交期條款
  ↓
結束
```

圖 5-7 採購交期變更處理流程

5.3 採購進度管理標準

採購進度管理工作執行過程中，採購部應要求部門工作人員按照以下工作規範展開採購進度與訂單管理工作，以期順利達成相應的工作目標，具體內容如表 5-2 所示。

5.3 採購進度管理標準

表 5-2 採購進度管理業務工作標準

工作事項	工作依據與規範	工作成果或目標
採購交期管理	◆ 採購進度控制制度 ◆ 採購進度跟催辦法 ◆ 採購交期管控流程 ◆ 採購交期延誤處理辦法 ◆ 緊急採購管理制度	(1) 根據不同採購方式確定採購進度控制要點 (2) 採購進度記錄詳細、準確、無缺失 (3) 及時、準確編制採購進度異常處理方案，並對方案執行情況進行監督 (4) 採購延誤原因分析準確，責任方明確 (5) 考核期內交貨延遲率低於___%
採購訂單管理	◆ 採購進度控制制度 ◆ 採購訂單跟蹤管理制度 ◆ 採購狀態監管工作流程	(1) 採購訂單追蹤工作規劃編制及時、內容全面 (2) 靈活選擇訂單跟催方式，及時開展訂單跟催工作 (3) 了解供應商供貨情況，要求供應商在規定時間內提交生產日程表或備貨明細表 (4) 考核期內，採購訂單無延誤現象

人力資源部配合採購部確立下列評估指標和評估標準，既方便對採購進度管理工作進行監督指導，也方便對採購進度管理績效結果項目進行考核，具體內容如表 5-3 所示。

表 5-3 採購進度管理業務績效標準

工作事項	評估指標	評估標準
採購交期管理	採購作業期限確定規範性	根據採購物資重要性、採購難易程度、物資緊缺程度三方面因素確定採購作業期限，每少考慮一方面因素，扣＿＿分
	交期違約責任條款覆蓋率	1. 交期違約責任條款覆蓋率 $=\dfrac{簽訂交期違約責任條款的採購合約數量}{採購合約總量}\times 100\%$ 2. 交期違約責任條款覆蓋率應達到＿＿%，每降低＿＿%，扣除責任人＿＿分，簽訂率低於＿＿%，本項不得分
	供應商備貨進度跟蹤方式選取準確性	1. 不瞭解供應商備貨進度追蹤方式，無法掌控供應商備貨情況，本項不得分 2. 能選取1～2種追蹤方式，但使用的靈活性較差，得＿＿分 3. 根據採購物資特點及供應商信譽度，靈活選取直接追蹤、電話追蹤、網路追蹤等方式得＿＿分
	緊急採購次數所占比重	1. 緊急採購次數所占比重 $=\dfrac{實施緊急採購次數}{採購總次數}\times 100\%$ 2. 緊急採購次數所占比重應低於＿＿%，每升高＿＿%，扣除責任人＿＿分，高於＿＿%，本項不得分
採購訂單管理	訂單延誤處理方案的有效性	1. 訂單延誤處理方案的執行，不能有效地對延誤事件做出應對，而耽誤了物資的及時供應，本項不得分 2. 訂單延誤處理方案中，提出了有效的延誤處理措施，但可執行性較差，得＿＿分 3. 訂單延誤處理方案，能根據物資的特點、訂單的要求及延誤的情況，提出有效的可行性措施，得＿＿分
	催貨通知下發及時率	1. 催貨通知下發及時率 $=\dfrac{效期延遲半個工作日內下發的催貨通知單數量}{採購訂單的數量}\times 100\%$ 2. 催貨通知下發及時率應達到＿＿%，每降低＿＿%，扣除責任人＿＿分，及時率低於＿＿%，本項不得分

表5-3(續)

	訂單延誤次數	訂單延誤次數0次,得___分;訂單延誤次數每增加1次,扣除責任人___分,延誤次數超過__次,本項不得分

5.4 採購進度管理制度

針對採購進度管理方面的問題,編制一系列採購進度管理制度,有助於規範採購訂單管理和採購交期管理等工作,從而在執行環節加強監督與指導,以便有效地加以規避。在採購進度執行工作中,較常出現的問題主要包括以下兩個方面,具體如圖 5-8 所示。

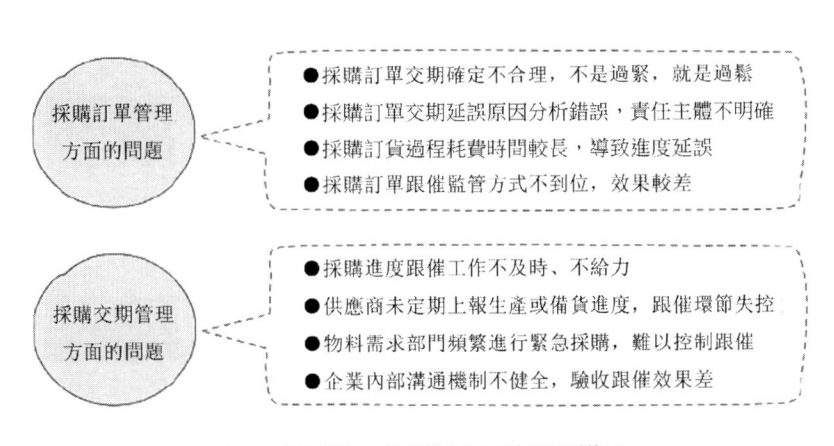

採購訂單管理方面的問題
- 採購訂單交期確定不合理,不是過緊,就是過鬆
- 採購訂單交期延誤原因分析錯誤,責任主體不明確
- 採購訂貨過程耗費時間較長,導致進度延誤
- 採購訂單跟催監管方式不到位,效果較差

採購交期管理方面的問題
- 採購進度跟催工作不及時、不給力
- 供應商未定期上報生產或備貨進度,跟催環節失控
- 物料需求部門頻繁進行緊急採購,難以控制跟催
- 企業內部溝通機制不健全,驗收跟催效果差

圖 5-8 採購進度管理制度解決問題導圖

採購進度控制制度如表 5-4 所示:

表 5-4 採購進度控制制度

制度名稱	採購進度控制制度		編　　號	
執行部門		監督部門		編修部門

第一章　總則

第1條　目的。

為有效控制採購進度，保證物資供應，掌握採購時間，降低採購成本，特制定本制度。

第2條　適用範圍。

本制度適用於採購詢價、採購訂購、採購訂單、採購交期等整個採購作業環節的進度控制工作。

第3條　權責劃分。

採購部為採購進度控制的歸口管理部門，品管部、技術部、財務部、運輸部、生產部應盡職盡責地配合採購部執行具體採購進度控制工作。

第二章　採購進度事前控制

第4條　確定採購作業期限。

採購部根據採購物資的重要程度、採購難易程度等因素確定採購作業期限。

1. 與生產計畫、銷售計畫關係密切的物資，採購部應綜合公司使用物資時間、供應商生產訂單時間、物資檢驗入庫時間等因素，確定採購作業期限。

2. 一般性物資，在不影響請購部門使用的前提下，採購部可自行決定採購進度。

(1) 低值易耗辦公用品在請購後的七個工作日內完成採購。

(2) 勞動防護用品在該用品的發放週期內完成採購。

第5條　確定交貨期限。

1. 採購部在與供應商進行採購談判時，應瞭解供應商的生產設備利用

5.4 採購進度管理制度

表5-4(續)

情況,請供應商提交生產進度計畫及供貨計畫,預計供應商準備、運輸、檢驗等作業所需的時間。

2. 採購部在進行採購洽談時,應與供應商達成交期違約共識,並在採購合約中得以記錄。

第6條 確定運輸期限。

1. 採購部在簽訂採購合約前,應與供應商確定合理的運輸方式,合理規劃運輸事宜,保證物資按時交付。

2. 具體的運輸規劃措施包括以下四項:

| 根據運輸方式的適用情況,結合運送物資特點,選擇使用的運輸方式 |

| 當單一運輸方式無法滿足運輸需求時,採購部應要求供應商將多種運輸方式相結合 |

| 確定由本公司負責運輸、供應商負責運輸.還是採取外包運輸的方式 |

| 採購部應做好運輸投保或監督投保等工作,在規定時間內落實運輸保險 |

運輸規劃措施

第三章 採購進度事中控制

第7條 確定採購進度控制點。

採購部應對採購詢價談判過程、訂貨執行過程、採購交貨過程和採購入庫過程的進度進行控制。

第8條 採購訂單追蹤。

1. 採購部控制採購詢價談判時間,保證以最短的時間完成詢價談判。

2. 採購部應追蹤供應商生產過程,加強訂單追蹤工作,瞭解供應商的生產效率或生產進度。

(1) 如發生生產交期或生產數量變更,採購部應及時通知供應商。

(2) 為減少損失,生產部、品管部應儘量避免下達訂單後的規格變更。

第9條 掌握供應商備貨進度。

表5-4（續）

1. 採購部應及時與供應商溝通，採用直接追蹤、電話追蹤、網路追蹤等方式，瞭解供應商備貨進度，避免出現交期延誤或交期提前。

2. 採購部一旦發現供應商的備貨進度可能影響正常交貨，應及時上報採購經理，採取相應措施，消除進度異常隱患。

3. 如供應商需要支援，採購部應與技術部、品管部、生產部溝通，為其提供適當的技術、模具和材料支援。

第10條　記錄採購進度。

1. 採購部填寫「採購進度控制表」，對採購進度進行控制。

2. 採購部應對詢價談判過程花費的時間、訂購執行時間和交貨時間進行記錄。

第11條　採購物流進度控制。

1. 採購部選擇正確的採購物流方式。

（1）大宗物資或長途運輸物資可選擇鐵路運輸和水路運輸的方式。

（2）急需物資或短距離運輸可選擇汽車運輸的方式。

（3）長距離運輸或少量、急需物資較適用航空運輸的方式。

2. 採購部在確定物流方式後，與運輸部確定最佳運輸路線，節省運輸時間和運輸費用。

3. 採購部根據服務品質、信用水準等標準選擇承運商，保證物資能夠安全、準時交付。

第12條　驗收、入庫進度控制。

1. 採購部和品管部在對物資進行品質檢驗、辦理入庫時，應在保證質量的前提下，簡化檢驗步驟、簡化入庫手續。

2. 採購部對優秀供應商實施免檢處理，減少驗收入庫時間。

第四章　採購進度異常處理

第13條　分析採購進度異常原因。

採購部根據「採購進度控制表」，分析採購進度延誤的原因及延誤事項。

第14條　擬訂採購進度異常處理方案。

採購部根據採購進度異常原因，明確採購進度延誤責任部門或責任人，

表5-4(續)

擬訂採購進度異常處理方案，經採購經理審核、總經理(或其授權的管理者代表)審批後實施。	

  1. 由於供應商原因導致的採購進度異常，供應商根據採購合約的約定承擔相應責任。

  2. 由於本公司運輸部或承運商造成的採購進度異常，運輸部或承運商承擔相應責任，採購部及時與投保公司聯繫，辦理理賠事宜。

  3. 採購部、生產部、品管部的原因造成採購作業環節進度異常的，由相應責任人負責賠償。

  第15條 方案執行情況監督。

  採購部監督採購進度異常責任主體對處理方案的執行情況。

第五章 附則

  第16條 本制度自頒布之日起實施，自實施之日起，原有相關制度即行廢止。

  第17條 本制度由採購部制定，經採購總監審批通過後實施。

編制日期		審核日期		批准日期	
修改標記		修改處數		修改日期	

訂單跟蹤管理制度如表 5-5 所示：

表 5-5 訂單跟蹤管理制度

制度名稱	訂單追蹤管理制度		編　　號	
執行部門		監督部門		編修部門

第1條　目的。

　　為了促進採購合約或訂單正常執行，滿足企業物資需求，保持合理的庫存量，確保企業生產經營活動正常進行，特制訂本制度。

第2條　適用範圍。

5.4 採購進度管理制度

表5-5 （續）

本制度適用於企業採購部所有採購專員追蹤訂單的全過程工作。

第3條 職責分工。

採購專員按採購訂單所載明的物資、品名、規格、數量及交期等進行追蹤。

第4條 採購訂單跟蹤的基本要求。

採購訂單追蹤的基本要求包括適當的交貨時間、適當的交貨品質、適當的交貨地點、適當的交貨數量及適當的交貨價格。

第5條 追蹤訂單接受情況。

向供應商下訂單之後，採購專員需及時瞭解供應商接受訂單的情況。

1. 在採購活動中，供應商會因擔心最終被淘汰而拒單時，採購專員應要求供應商在接受訂單後，及時向企業提供接收回執。

2. 在供應商難以滿足本企業的採購要求時，採購專員應改變價格、品質、交期等條件.在滿足企業基本要求的基礎上，與供應商進行充分溝通達成共識。

3. 若供應商拒單，可以另選其他供應商，與供應商簽訂的訂單要及時存單，以備後查。

第6條 追蹤訂單處理情況。

1. 供應商接收訂單後，採購專員應及時追蹤供應商訂單處理狀況，查看並確定供應商是否及時將訂單安排生產或安排出貨。

2. 採購專員需審核訂單無誤後發給供應商，並要求供應商簽名回傳，其審核內容包括三點：

(1) 熟悉訂購的物資，確認名稱、規格型號、數量、價格，確認品質標準。

(2) 確認物資需求量，編制訂單說明書。

(3) 交期等要求表達清楚。

第7條 供應商備料過程監控。

1. 採購專員應嚴密監控供應商需要加工的物資的備料過程，確保其按計劃執行。

2. 採購專員在監控過程中發現問題要及時反映，需中途變更的應立即解決，不可延誤時間。

表5-5(續)

第8條 供應商生產過程追蹤。

訂購物資需求緊急或需求減少時，採購專員應透過跟單減少企業損失。

1. 當訂單物資需求緊急時，採購專員應立即與供應商協商，必要時可協助供應商解決疑難問題，確保物資的準時交付。

2. 當市場滯銷，對訂單物資需求減少時，採購專員需盡快與供應商溝通，減少物資產量，或者協商是否可以延緩交貨，必要時可以彌補供應商的損失。

第9條 採購訂單催促。

1. 催貨是使供應商能在規定的時間送達物資，既保證生產供應、又有效降低庫存。

2. 採購專員在跟單催貨作業時，可採用以下6種方法，如表所示。

訂單催促方法一覽表

跟催方法		具體說明
訂單跟催	聯單法	◆ 將訂購單按日期順序排列好，提前一定時間進行跟催
	統計法	◆ 將訂購單統計成報表，提前一定時間進行跟催
定期跟催		◆ 於每週固定時間將要跟催的訂單整理好，打印成報表，統一定期跟催
善用物資跟催表		◆ 物資跟催表可據以掌握供料狀況，跟催對象明確，確保進料
運用物資跟催箱		◆ 在採購部辦公室內設置1個物資跟催箱，取代傳統翻頁打勾法，在跟催箱裡規劃32格，前31格代表1個月31天，第32格是急件處理格
運用電腦跟催		◆ 根據訂購單及驗收單的資料，採購管理資訊系統可以提供廠商採購單明細、物資採購單明細、製造商批號單備料完整性、採購訂單物資採購進度資訊
運用顏色管理跟催	管制卡	◆ 按採購日期順序放入卡欄內，逾期放入黃欄，採購專員跟催，緊急用料放入紅欄，採購主管跟催
	管制板	◆ 以顏色顯示供應商各月交貨狀態，如期交貨用綠色，應進而未進用黃色，緊急用料用紅色

5.4 採購進度管理制度

表5-5(續)

3. 如果供應商沒有按時交貨，採購專員應該採取以下措施：

（1）聯繫供應商獲得確切的交貨時間，及時通知需求部門準確的到貨時間。

（2）諮詢技術人員、材料工程師等，看有無可替代材料。

（3）如果供應商交貨逾期或品質差，而且短期內無法改善的，採購部應該尋求其他供應貨源或實施緊急採購作業。

第10條　供應商交貨追蹤。

採購部需嚴格對訂單交付過程進行追蹤，確保物資品質滿足企業要求。

1. 供應商送貨上門時，採購專員應會同品質管制部、倉儲部等在現場按照訂單對到貨物資的數量、單價、外觀、品質等進行核查確認，合格後方可辦理入庫。

2. 企業在供應商處提貨時，需先要求供應商將提貨通知單傳真給採購專員，採購專員及時聯繫運輸部等相關部門對物資進行點收後，進行裝車提貨。提貨過程應詳細記錄物資情況，作為付款結算的依據。

第11條　供應商交貨後跟蹤。

1. 在所採購的物資交付使用後，採購專員要求請購部門對物資做相應的標示，並對物資後續使用狀況進行追蹤和記錄。

2. 採購專員應按訂單交付情況，及時按照規定的支付條款對供應商進行付款，並聯繫財務辦理結算業務。

3. 如來物資在使用過程中出現品質問題，採購專員應根據可追溯性標記查找物資來源，並及時聯繫供應商解決。重大品質問題需報採購經理進行協調和處理。

第12條　本制度由採購部制定，報經總經理審批後生效，修改、廢止亦同。

編制日期		審核日期		批准日期	
修改標記		修改處數		修改日期	

採購進度跟催方案如表 5-6 所示：

表 5-6 採購進度跟催方案

制度名稱	採購進度跟催辦法		編　　號	
執行部門		監督部門		編修部門	

第一章　附則

第1條　目的。

為控制採購交期、合理控制庫存，保證採購合約正常執行，特制定本辦法。

第2條　適用範圍。

本制度適用於所有採購業務進度跟催準備、實施及跟催工作考核等工作。

第3條　權責劃分。

採購部為採購進度跟催的歸口管理部門。

第二章　採購進度跟催準備

第4條　編制採購進度跟催工作規劃。

採購部編制「採購進度跟催工作規劃」，送交採購經理審批通過後實施。

第5條　採購進度跟催工作規劃內容。

1. 採購部在實施採購進度跟催前應完成以下準備工作：

```
┌─────────────────────────────────────────────────┐
│  ┌──────────────────┐   ┌──────────────────┐   │
│  │ 確定交貨日期及交貨數量 │   │ 明確替代物資採購通路 │   │
│  └──────────────────┘   └──────────────────┘   │
│  ┌──────────────────────────────────────────┐  │
│  │ 瞭解供應商物料管理能力、生產管理能力、生產設備利用率 │  │
│  └──────────────────────────────────────────┘  │
│  ┌──────────────────┐   ┌──────────────────┐   │
│  │ 分析供應商提交的生產計畫表 │   │ 在採購合約中明確違約責任 │   │
│  └──────────────────┘   └──────────────────┘   │
│                  採購進度跟催工作準備                │
└─────────────────────────────────────────────────┘
```

表5-6(續)

2. 採購部在實施採購進度跟催前,應對請購、採購、供應商準備、運輸和品質檢驗等各項採購作業時間進行合理規劃,擬訂採購進度時間控制表。

3. 採購部在實施採購進度跟催前,應定期與供應商聯繫,掌握供應商動態。

第三章 採購進度跟催實施

第6條 訂單及供應商供貨跟催。

1. 採購部下單後,要求供應商在____個工作日內提供生產日程表。

2. 採購部應根據採購物資的重要程度,採取以下措施追蹤供應商原材料入庫情況、供應商生產加工情況及成品入庫情況。

跟催措施

物資分類	跟催措施
重要物資	◆ 採購部從供應商提供的進度報表,分析供應商實際進度 ◆ 採購部前往供應商處進行實地查證,必要時派專人入駐監督 ◆ 每週進行不少於3次的跟催
訂製物資	◆ 採購部應及時了解供應商原材料準備情況,並為供應商提供必要的技術支援 ◆ 了解供應商生產進度情況,如發生數量或交期變更,應及時通知供應商
非訂製物資	◆ 採購部及時透過電話溝通的方式,查證供應商進度

3. 採購部應要求供應商每週向採購部提交進度報表。

4. 採購部應每日進行訂單整理工作,並採用以下方法進行跟催:

(1) 訂單跟催

採購部可按以下方法對訂單交期進行分析.提前一段時間進行跟催。一般訂單可每週致電供應商一次,詢問進度;距離交期不滿十日的訂單,應每隔三天致電供應商一次,詢問進度;次日到期的訂單,應於前一日致電供應商進行跟催。

表 5-6（續）

訂單跟催方法	
訂單跟催方法	說明
聯單法	將訂單按照日期進行排序，提前一段時間展開跟催工作
統計法	將訂單匯總為統計報表，提前一段時間展開跟催工作
軟體提醒法	運用電腦軟體，將每月需辦理的跟催事項輸入軟體，上班開機後軟體自動提醒

(2) 定期跟催

定期跟催是指採購部在每週的固定時間將需要跟催的訂單整理好，定期統一展開跟催工作。

5. 採購部根據採購進度跟催情況，填寫「採購進度跟催單」。

6. 採購部如發現公司存在緊急缺貨的情況，應立即聯繫供應商，保證物資供應。

7. 如供應商未能按時交貨，採購部應立即採取以下措施，並向供應商發送「催貨通知」。

(1) 採購部立即聯繫供應商，明確確切的交貨時間。

(2) 採購部與請購部門聯繫，說明確切的交貨時間。

(3) 採購部與生產部、技術部、品管部溝通，研究是否可選用替代物資。

(4) 如有需要，採購部應實施緊急採購作業。

第7條　物資運輸跟催。

採購部即時追蹤物資運輸過程，一旦發現運輸過程延誤，應及時與供應商或物流公司聯繫。

第8條　物資驗收跟催。

1. 採購部與供應商確認確切到貨日期後，應通知品管部進行物資品質檢驗準備工作，保證品質檢驗工作及時開展。

2. 品管部在檢驗過程中，如發現問題，應及時通知採購部，由採購部與供應商聯繫，協商處理方式。

第9條　物資入庫跟催。

採購部通知倉儲部做好物資入庫的準備工作，參與辦理物資入庫。

5.4 採購進度管理制度

表5-6(續)

第10條 物資付款跟催。

採購部應督促財務部按照採購合約規定的制度條款進行支付。

第11條 文檔、資料歸檔。

採購部應在採購物資入庫後，做好採購訂單、供應商生產計劃表、生產進度表、跟催單的歸檔工作。

第四章　附則

第12條 本制度自執行之日起，原「採購進度跟催辦法」即行作廢。

第13條 本制度經總經理審批通過後，自＿＿年＿＿月＿＿日起實施。

編制日期		審核日期		批准日期	
修改標記		修改處數		修改日期	

交期延誤處理方案如表5-7所示：

表 5-7 交期延誤處理方案

制度名稱	交期延誤處理辦法		編　　號	
執行部門		監督部門		編修部門

第1條　目的。

為妥善處理供應商交期延誤的行為，降低公司損失，特制定本制度。

第2條　適用範圍。

本制度適用於採購交期延誤的原因分析、擬訂及實施處理方案、提出供應商交期延誤預防及改善措施等工作。

第3條　職責劃分。

採購部負責與品管部、生產部、物資請購部及供應商溝通，統籌管理採購交期延誤事宜。

第4條　術語解釋。

5.4 採購進度管理制度

表5-7(續)

供應商如出現以下情形之一的,即可歸屬為採購交期延誤:

1. 供應商未在採購合約規定的時間、地點準時交貨。

2. 供應商在交貨期限滿後,經採購部催促仍未交貨的。

3. 供應商在交貨期滿後,經採購部催促雖然交貨,但採購物資不符合採購合約的規定。

4. 供應商因不可抗力因素導致不能按時交貨的。

第5條　分析交期延誤原因。

採購部發現供應商未能按時交貨時,應立即與供應商溝通,分析交期延誤的原因,明確交期延誤責任主體。

(1)　如造成交期延誤的原因屬於以下情形之一的,供應商承擔交期延誤的主要責任。

生產狀況方面
▲ 產能無法滿足採購訂單需求
▲ 生產技術水準落後,無法滿足本公司要求
▲ 生產過程的重工率和不良率較高
▲ 生產計劃安排欠妥
▲ 生產設備數量不足或設備過於陳舊
▲ 供應商內部出貨檢驗不合格

生產管理方面
▲ 供應商無法掌握生產原材料數量及品質
▲ 生產進度管理不善
▲ 交期時間估計錯誤
▲ 出貨文件錯誤
▲ 報價錯誤
▲ 供應商缺乏品質意識、責任意識

供應商承擔交期延誤責任

(2)如造成交期延誤的原因屬於以下情形之一的,公司承擔交期延誤的主要責任。

採購流程方面
▲ 訂單寄發失誤
▲ 採購貨款支付失誤
▲ 對供應商的技術和產能調查不足
▲ 對品質要求不明確
▲ 未及時跟進供應商生產進度
▲ 頻繁更換供應商

溝通協調方面
▲ 臨時緊急訂貨,訂單前置時間不足
▲ 臨時更改產品設計、更新材料規格
▲ 品質要求未能詳細說明
▲ 生產計劃變更未及時通知供應商
▲ 採購雙方沒有審核進度
▲ 未對供應商提供必要的技術支援

公司承擔交期延誤責任

表5-7(續)

　　第6條　擬訂、實施交期延誤處理方案。

　　1. 採購部經過與供應商、品管部、技術部、請購部門協商後，擬訂切實可行的「交期延誤處理方案」，上交採購經理審核後，儘快與供應商達成共識，以便實施交期延誤處理方案。

　　2. 因本公司原因導致的交期延誤，採購部應協同技術部立即聯繫供應商，協助供應商解決問題。

　　3. 因供應商原因導致的交期延誤，採購部可採用以下方式解決：

　　(1) 採購部應與供應商管理人員溝通，透過和平方式解決交期延誤問題。

　　(2) 採購部要求供應商繼續履行採購合約，確定確切的交貨期限。

　　(3) 採購部通知供應商解除採購合約，要求供應商履行合約規定的賠償責任，同時尋找可替代物資。

　　(4) 採購部採取減少付款、更換等補救措施。

　　(5) 如需訴諸法律，採購部應搜集相關資料，諮詢公司法律部或者專業律師訴訟解決。

　　第7條　供應商交期延誤預防及改善。

　　1. 採購部統計經常發生交期延遲的供應商，減少與該供應商的合作次數，如需與之合作，應對其進行重點監控。

　　2. 採購部在發出訂單後，應定期詢問供應商進度，及時發現供應商任採購物生產方面的問題。

　　3. 採購部與供應商的溝通過程中，如發現供應商出現誠信問題，應及時上報採購經理。

　　第8條　本制度由採購部制定，修改權、解釋權歸採購部所有。

編制日期		審核日期		批准日期	
修改標記		修改處數		修改日期	

5.4 採購進度管理制度

緊急採購管理制度如表 5-8 所示：

表 5-8 緊急採購管理制度

制度名稱	緊急採購管理制度		編　　號	
執行部門		監督部門	編修部門	

第1條　目的。

為保證物資供應及時，避免影響公司正常的生產經營活動，特制定本制度。

第2條　適用範圍。

本制度適用於緊急採購的申請、審批、執行等工作。

第3條　職責劃分。

1. 採購部負責審核緊急採購申請，組織、實施緊急採購活動。

2. 財務部負責審核緊急採購申請及緊急採購合約，並按照採購合約的規定支付採購款項。

第4條　術語解釋。

緊急採購是指公司在生產經營緊急的情況下，來不及納入正常採購計劃而必須立即執行的採購活動。

第5條　緊急採購申請條件。

如出現以下幾種情形之一，請購部門可申請緊急採購。

1. 生產部因缺少生產物資導致即將停工。

2. 生產部因事故進行緊急搶修。

3. 市場環境發生重大變化。

4. 公司臨時決定更換產品設計或生產工藝。

第6條　緊急採購審批。

請購部門垃寫「緊急採購申請」，在申請中列明採購物資的基本資訊、進行緊急採購的原因，經請購部門經理簽字批准後，交採購部或總經理審批。

1. 緊急採購申請的物資價值在＿＿萬元以下的，由採購總監審批．審

135

表5-8 （續）

批通過後，交由採購部實施緊急採購。

2. 緊急採購申請的物資價值在＿＿萬元以下的，由總經理審批，審批通過後，交由採購部實施緊急採購。

3. 低值易耗物資的緊急採購可由採購經理審批後，交由採購部實施，在緊急採購執行完畢後補辦相關手續。

第7條 緊急採購執行。

採購部在執行緊急採購的過程中，應注意以下關鍵事項：

1. 為縮短採購週期，降低採購成本，緊急採購應多採取電子採購的方式，儘量不採取國際採購的方式。

2. 採購部應從供應商檔案中選擇合作夥伴。

3. 緊急採購應盡量使用先提貨後付款的方式。

4. 如因緊急情況，物資來不及進行品質檢驗時，應按照「緊急放行規定」執行，採購部對緊急放行規定執行過程進行監督。

第8條 緊急放行規定。

1. 採購部、品管部審批生產部提交的「緊急放行申請」。

2. 品管部根據供應商以往物資質量檢驗情況對「緊急放行申請」進行審批，將審批通過的「緊急放行申請」轉交採購部，採購部根據品管部的審批意見執行緊急放行工作。

(1) 對於物資品質不穩定的供應商，品管部可拒絕緊急放行申請。

(2) 如緊急放行申請被駁回，採購部按照「物資品質檢驗制度」執行檢驗工作。

3. 採購部對透過緊急放行的物資作出可追溯性表示，做好識別記錄。詳細記載緊急放行物資的數量、規格、標識方法、供應商名稱及供應商提供的證明。

4. 品管部按照「物資品質檢驗規定」抽取樣品，對樣品進行優先檢驗，及時將檢驗結果通知生產部和採購部。

(1) 如抽樣檢驗結果合格，生產部開始生產。採購部保留抽樣，並協同生產部嚴格監督物資的加工、使用情況，如發現異常，應立即追回。

(2) 如抽樣檢驗結果不合格，採購部根據可追溯性標識和識別記錄，

5.4 採購進度管理制度

表5-8(續)

將不合格樣品追回。

　　第9條　本制度原則上每年更新一次，具體工作由採購部執行。

編制日期		審核日期		批准日期	
修改標記		修改處數		修改日期	

第 6 章 採購質量管理業務‧流程‧標準‧制度

6.1 採購質量管理業務模型

採購質量管理是指企業透過對採購工作的組織、協調、控制以及對供應商的認證與質量控制，從而建立整套的採購質量保證體系、保證企業物資合格供應的一系列工作。

採購質量管理工作的好壞在一定程度上決定了物資的品質，進而影響企業生產、成本、銷售等多個環節，因此，企業採購質量管理工作應按以下關鍵工作事項執行，以實現採購成本的最低化、採購風險的最小化，具體內容如圖 6-1 所示。

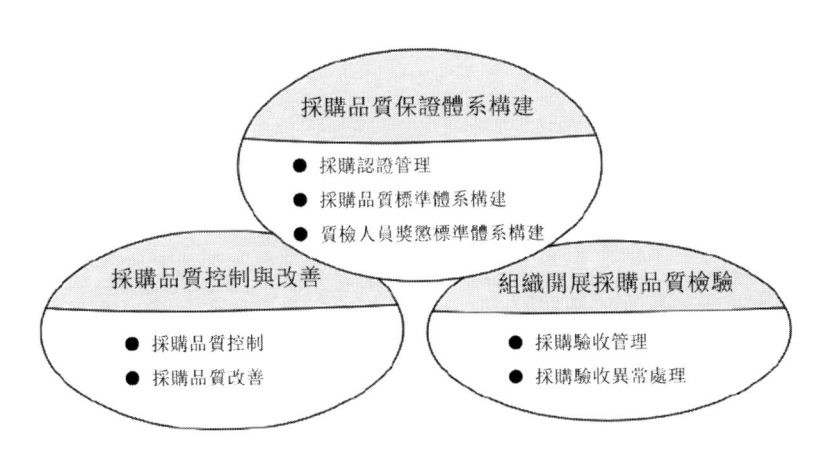

圖 6-1 採購質量管理業務心智圖

採購質量管理的各項工作主要由採購部組織、實施，品管部、技術部、倉儲部、物資使用部門須配合採購部，執行採購質量管理的各項具體工作。

明確採購質量管理的各項工作職責有助於企業嚴格把控採購物資的質量水平，降低採購質量風險。表 6-1 為採購質量管理工作在執行過程中的主要職責分工。

表 6-1 採購質量管理主要工作職責說明表

工作職責	職責具體說明
採購品質保證體系構建	1. 採購部明確品質檢驗管理目標，建立健全採購品質標準化體系 2. 採購部組織、實施採購認證工作，品管部、技術部協助採購部執行供應商認證的相關事宜 3. 品管部須建立完善的品質檢驗人員獎懲體系，加強企業員工品質管制教育工作，強化品質意識
組織開展採購品質檢驗	1. 採購部組織品管部、技術部實施物資驗收工作，並根據品管部出具的「品質檢驗報告」擬定物資檢驗處理意見 2. 對檢驗不合格的物資，採購部與供應商溝通，執行處理意見；對檢驗合格的物資，採購部與倉儲部溝通，辦理入庫手續
採購品質控制與改善	1. 採購部須組織各個部門做好整個採購過程中每一個環節的品質控制工作 2. 採購部組織部門員工參加培訓，協助供應商進行品質改善，預防品質問題的發生

6.2 採購質量管理流程

採購質量管理流程按照並列式結構，可分為採購質量保證體系構建流程、採購質量檢驗流程、採購質量控制與改善流程，具體內容如圖 6-2 所示。

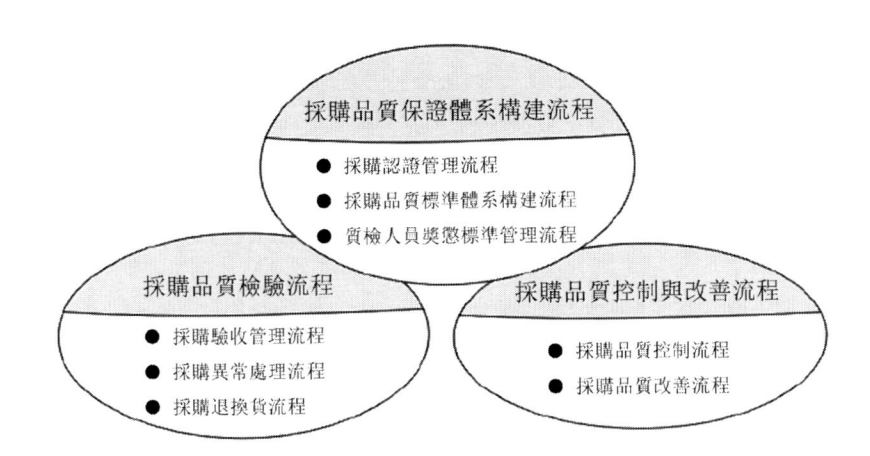

圖 6-2 採購質量管理主要流程設計導圖

採購質量檢驗工作流程如圖 6-3 所示：

第 6 章 採購質量管理業務·流程·標準·制度

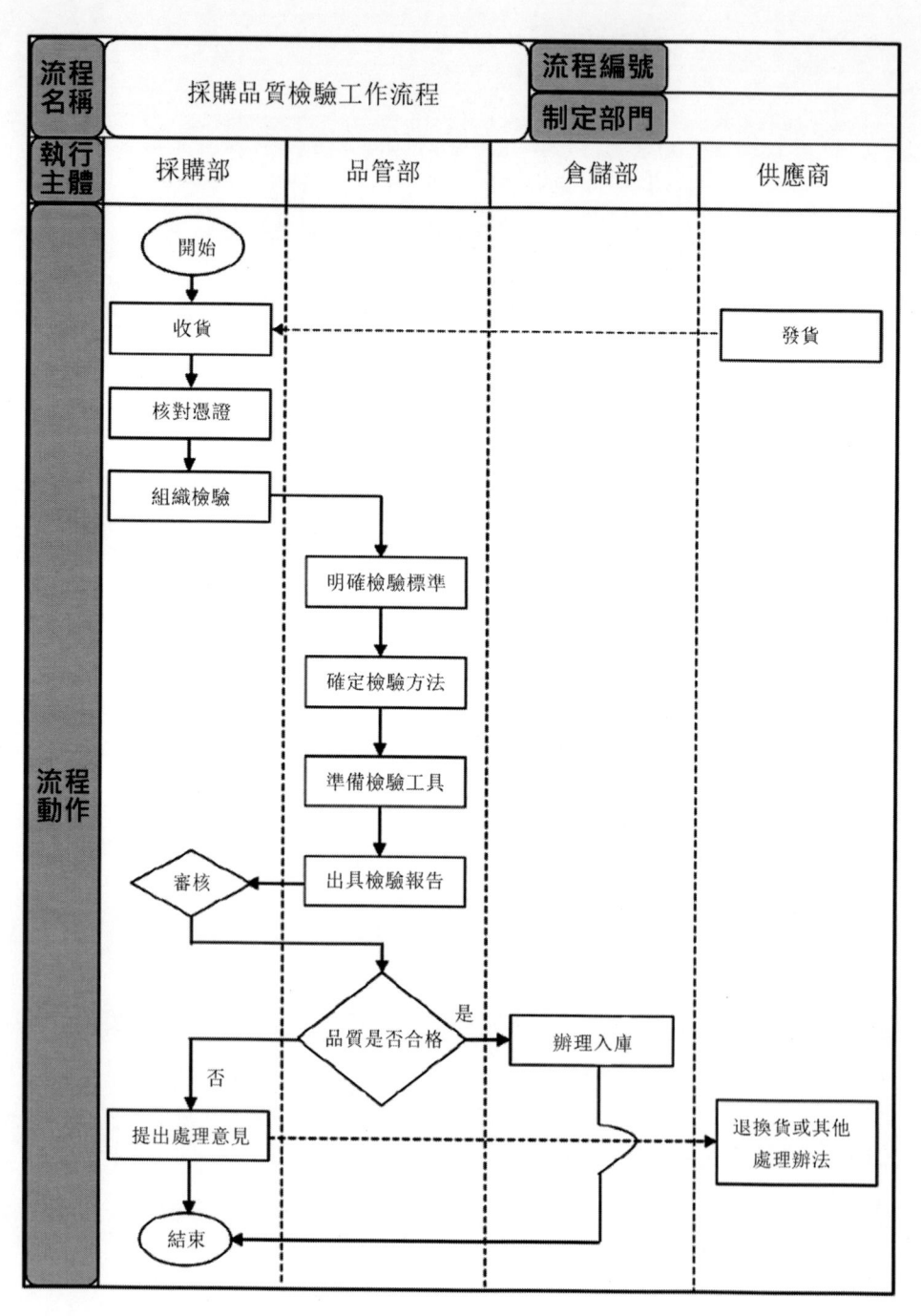

流程名稱	採購品質檢驗工作流程		流程編號	
			制定部門	
執行主體	採購部	品管部	倉儲部	供應商

流程動作：

採購部：開始 → 收貨 → 核對憑證 → 組織檢驗 → 審核 → （否）提出處理意見 → 結束

品管部：明確檢驗標準 → 確定檢驗方法 → 準備檢驗工具 → 出具檢驗報告 → 品質是否合格

倉儲部：（是）辦理入庫

供應商：發貨 ； 退換貨或其他處理辦法

圖 6-3 採購質量檢驗工作流程

6.2 採購質量管理流程

採購驗收異常處理流程如圖 6-4 所示：

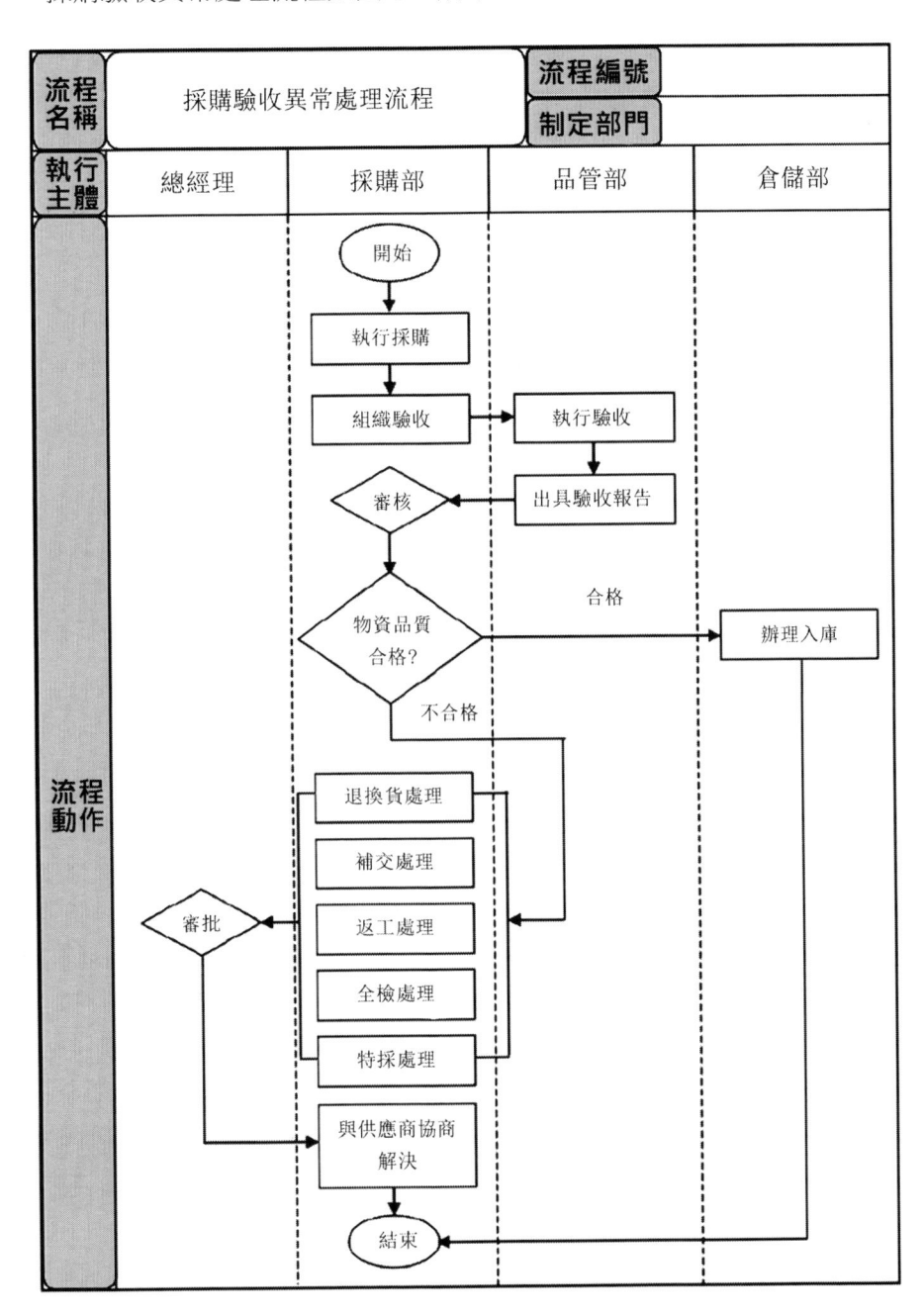

流程名稱	採購驗收異常處理流程		流程編號	
			制定部門	
執行主體	總經理	採購部	品管部	倉儲部
流程動作		開始 → 執行採購 → 組織驗收 → 審核 → 物資品質合格？ 不合格 → 退換貨處理／補交處理／返工處理／全檢處理／特採處理 → 與供應商協商解決 → 結束	執行驗收 → 出具驗收報告	合格 → 辦理入庫
	審批			

圖 6-4 採購驗收異常處理流程

採購退換貨處理流程如圖 6-5 所示：

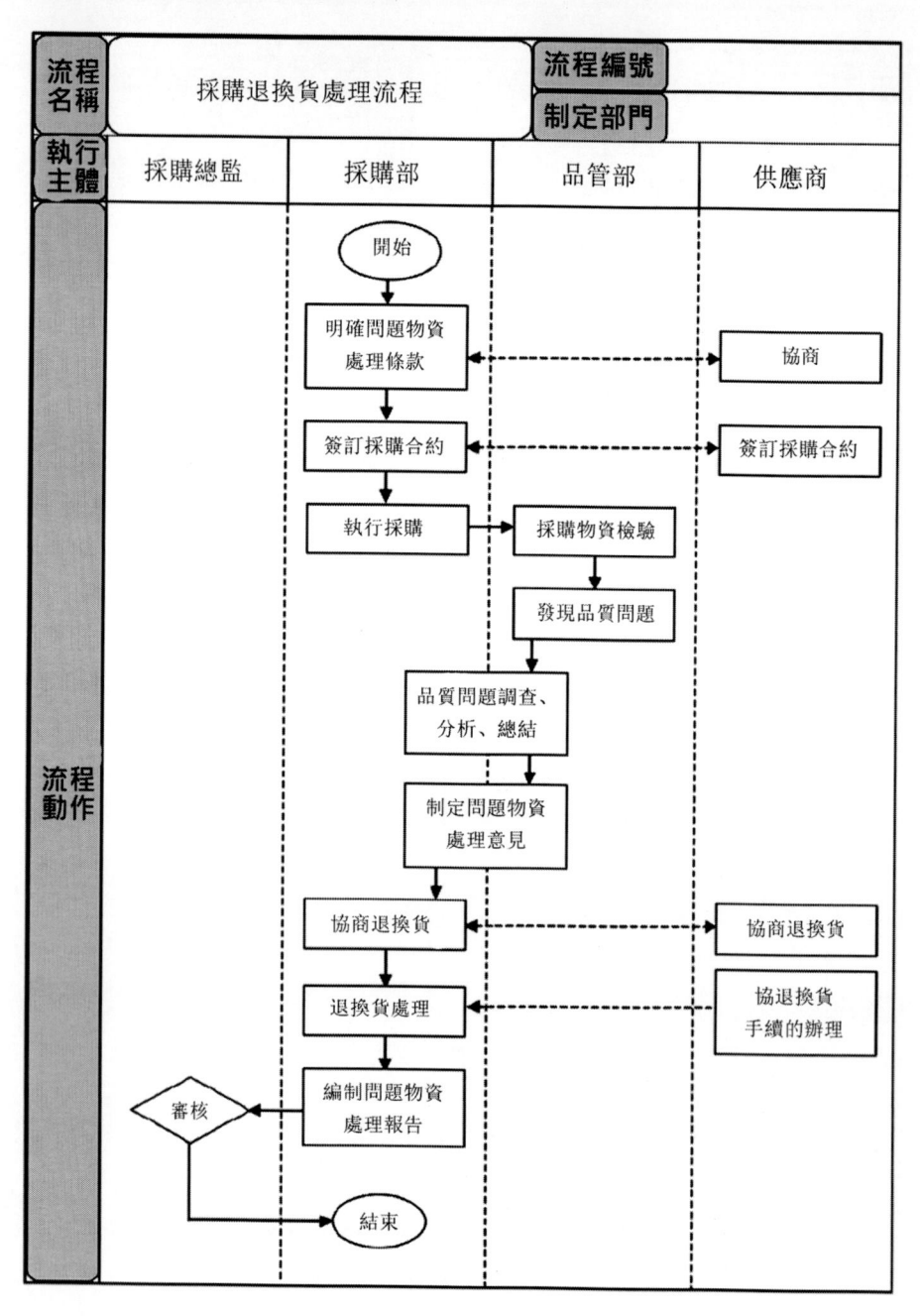

流程名稱	採購退換貨處理流程		流程編號	
			制定部門	
執行主體	採購總監	採購部	品管部	供應商
流程動作	審核	開始 → 明確問題物資處理條款 → 簽訂採購合約 → 執行採購 → 協商退換貨 → 退換貨處理 → 編制問題物資處理報告 → 結束	採購物資檢驗 → 發現品質問題 → 品質問題調查、分析、總結 → 制定問題物資處理意見	協商 → 簽訂採購合約 → 協商退換貨 → 協退換貨手續的辦理

圖 6-5 採購退換貨處理流程

6.2 採購質量管理流程

採購質量改善工作流程如圖 6-6 所示：

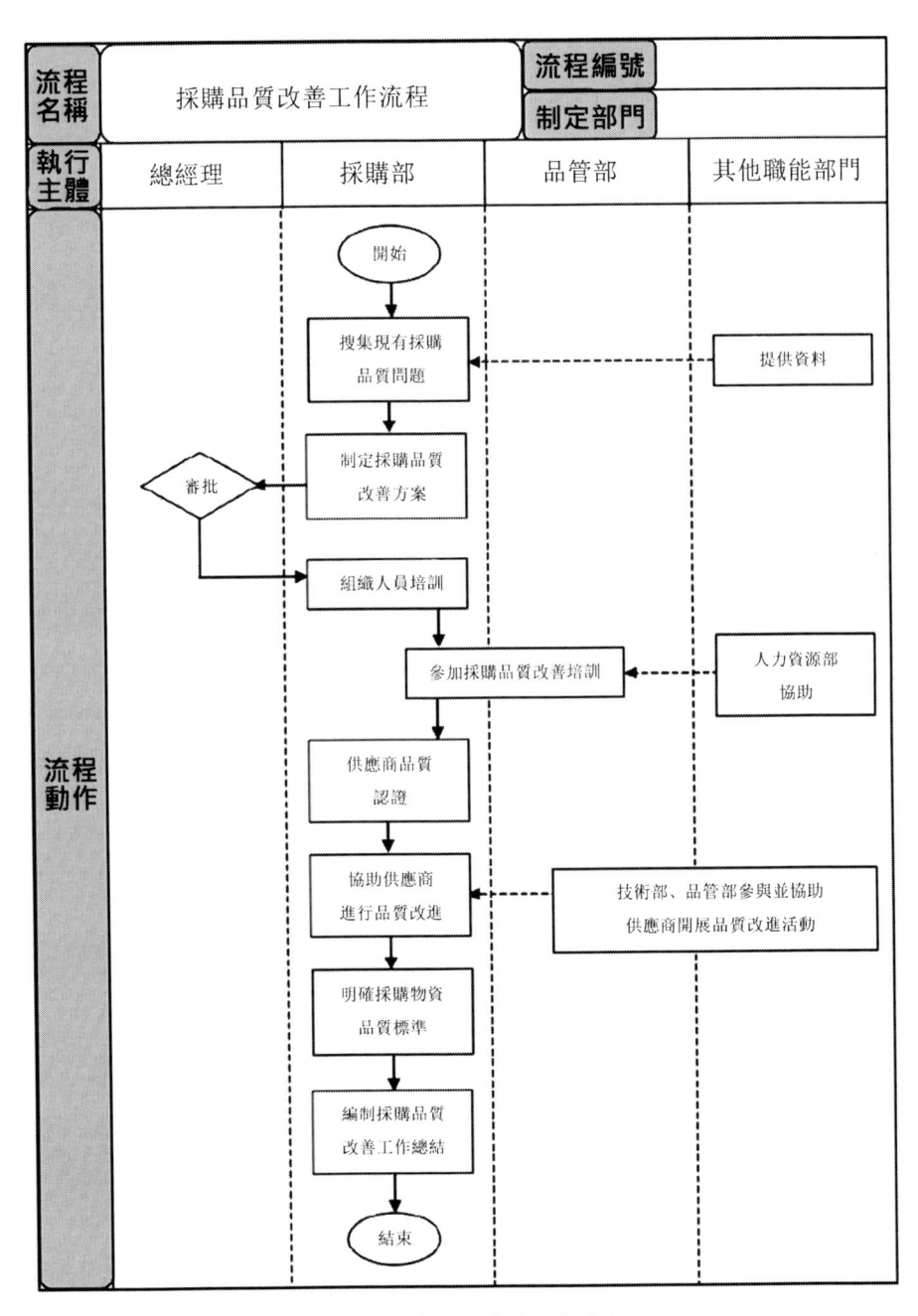

流程名稱	採購品質改善工作流程		流程編號	
			制定部門	
執行主體	總經理	採購部	品管部	其他職能部門
流程動作	審批	開始 → 搜集現有採購品質問題 → 制定採購品質改善方案 → 組織人員培訓 → 參加採購品質改善培訓 → 供應商品質認證 → 協助供應商進行品質改進 → 明確採購物資品質標準 → 編制採購品質改善工作總結 → 結束		提供資料；人力資源部協助；技術部、品管部參與並協助供應商開展品質改進活動

圖 6-6 採購質量改善工作流程

6.3 採購質量管理標準

採購部依據以下工作規範執行採購質量管理的各項工作事項，最終實現如表 6-2 所示的工作目標。

表 6-2 採購質量管理業務工作標準

工作事項	工作依據與規範	工作成果或目標
採購品質保證體系構建	◆ 採購認證管理制度 ◆ 質檢人獎懲標準	(1) 制定完善的採購品質控制、檢驗等制度和規範 (2) 採購認證過程規範、認證內容全面 (3) 在品管部、需求部門的協助下，建立各類物資檢驗標準，檢驗標準完整率達____%
組織開展採購品質檢驗	◆ 採購驗收制度 ◆ 採購驗收異常處理規範	(1) 品質檢驗實施前準備充分 (2) 品質檢驗項目全面，無漏檢項目，確保各類物資採購合格率達到____% (3) 採購品質檢驗結果處理及時、準確
採購品質控制與改善	◆ 採購品質改善方案 ◆ 採購品質控制制度	(1) 採購品質改善工作完成及時率為100% (2) 供應商物資品質改進工作按時推行，確保其交貨不合格品比例下降____個百分點 (3) 特採和緊急放行控制在____次以內

採購部經理可在人力資源部的協助和指導下，針對採購質量管理業務制訂相應的績效標準，以便指導採購部下屬人員的採購質量執行工作，也有利於對採購質量管理工作成果進行監督和考核。具體的績效評估指標及評估標準如表 6-3 所示。

表 6-3 採購質量管理業務績效標準

工作事項	評估指標	評估標準
採購品質保證體系構建	供應商認證規範性	在供應商通過初步篩選、現場評審後，採購部及其他職能部門應對供應商實施試製認證、中試認證、批量試製認證和價格認證 1. 僅對供應商實施以上認證中的1項認證，本項不得分 2. 對供應商實施以上認證中的 2～3 項認證，得___分 3. 對供應商實施以上認證中的4項認證，得___分
	認證供應商數量同比增長率	1. 認證供應商數量同比增長率= $\dfrac{\text{本年度認證的供應商數量}-\text{上年度認證的供應商數量}}{\text{上年度認證的供應商數量}} \times 100\%$ 2. 認證供應商數量同比增長率應達到___%，每降低___%，扣除責任人___分，低於___%，本項不得分
	品質保證協議簽署率	1. 品質保證協議簽署率= $\dfrac{\text{與企業簽訂品質保證協議的供應商數量}}{\text{與企業合作的供應商總量}} \times 100\%$ 2. 品質保證協議簽署率應達到___%，每降低___%，扣除責任人___分，低於___%，本項不得分
	品質檢驗標準完整率	1. 品質檢驗標準無法反映採購物資的特性，採購標準與採購品質檢驗方法不匹配，本項不得分 2. 品質檢驗標準能夠在一定程度上反映出採購物資的特性，得___分 3. 根據採購物資特性及檢驗方法要求，制定完善的檢驗標準，全面衡量採購物資品質，得___分
組織開展採購品質檢驗	採購物資檢驗及時率	1. 採購物資檢驗及時率= $\dfrac{\text{在規定時間內完成檢驗的物資數量}}{\text{採購物資總量}} \times 100\%$ 2. 採購物資檢驗及時率應達到___%，每降低___%，扣除責任人___分，及時率低於___%，本項不得分

表6-3(續)

採購物資品質合格率	1. 採購物資品質合格率=$\frac{合格物資數量}{採購物資數量}\times 100\%$ 2. 採購物資品質合格率應達到___%，每降低___%，扣除責任人___分，及時率低於___%，本項不得分	
不合格物資處理及時率	1. 不合格物資處理及時率=$\frac{在規定時間內處理的不合格物資數量}{不合格物資總量}\times 100\%$ 2. 不合格物資處理及時率應達到___%，每降低___%，扣除責任人___分，及時率低於___%，本項不得分	
採購品質控制與改善	採購品質改善方案一次性通過率	1. 採購質量改善方案一次性通過率=$\frac{一次審核通過的採購品質改善方案數量}{考核期內制定的品質改善方案總量}\times 100\%$ 2. 採購品質改善方案一次性通過率應達到___%，每降低___%，扣除責任人___分，及時率低於___%，本項不得分
	不合格物資比例下降率	1. 不合格物資比例下降率=$\frac{上期採購不合格物資量}{上期採購總量}-\frac{本期採購不合格物資量}{本期採購總量}$ 2. 不合格物資比例下降率應達到___%，每降低___%，扣除責任人___分，及時率低於___%或及時率為負，本項不得分

6.4 採購質量管理制度

採購質量管理制度的制定與落實，有利於幫助企業及採購部解決採購過程中的三大質量方面問題，具體內容如圖 6-7 所示。

6.4 採購質量管理制度

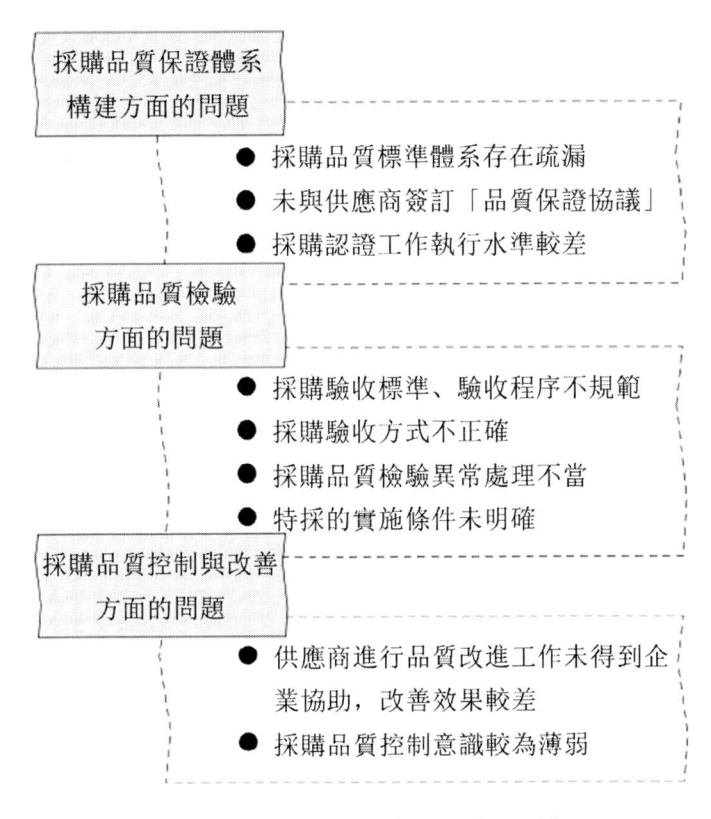

```
┌─────────────────┐
│ 採購品質保證體系 │
│ 構建方面的問題   │
└─────────────────┘
    ● 採購品質標準體系存在疏漏
    ● 未與供應商簽訂「品質保證協議」
    ● 採購認證工作執行水準較差

┌─────────────────┐
│ 採購品質檢驗     │
│ 方面的問題       │
└─────────────────┘
    ● 採購驗收標準、驗收程序不規範
    ● 採購驗收方式不正確
    ● 採購品質檢驗異常處理不當
    ● 特採的實施條件未明確

┌─────────────────┐
│ 採購品質控制與改善│
│ 方面的問題       │
└─────────────────┘
    ● 供應商進行品質改進工作未得到企
      業協助，改善效果較差
    ● 採購品質控制意識較為薄弱
```

圖 6-7 採購質量管理制度解決問題導圖

採購認證管理制度如表 6-4 所示：

表 6-4 採購認證管理制度

制度名稱	集中認證管理制度		編　號	
執行部門		監督部門		編修部門

第一章　總則

第1條　目的。

為提高供應商品質，滿足本公司在採購品質、採購成本、供應商服務等方面的要求，特制定本制度。

第2條　適用範圍。

本制度適用於對供應商的試製認證、中試認證、批量試製認證、價格認證等組織管理工作。

第3條　權責劃分。

採購部負責組織、執行採購認證管理工作，品管部、技術部負責對供應商提供的樣品進行品質檢驗。

第二章　採購認證準備

第4條　採購認證準備內容。

1. 採購部應熟悉待認證物資的技術標準和相關參數，明確認證難度、經驗需求等內容。

2. 採購部應瞭解採購的批量需求，從而確定採購時間、採購範圍和採購規模。

3. 採購部應對採購物資的成本價格進行行業比較和市場調查，以便得出準確的價格預算。

4. 採購部應瞭解採購物資應達到的品質認證標準。

第5條　編制採購認證說明書。

1. 採購部應事先編制一份完整的採購認證說明書，說明書的內容包

表6-4(續)

括：採購專案名稱、價格預算、品質條款、需求預測、售後服務要求、專案難度、技術圖紙、技術規範、檢驗標準等。

2. 採購經理審核認證說明書，採購部將審核通過的認證說明書向供應商發放。

第三章　採購認證實施

第6條　試製認證。

採購部對供應商進行試製認證，檢查供應商試製樣品的技術和品質情況，具體實施流程如下所示：

1. 採購部與供應商簽訂試製合約，合約中應規定供應商需遵守的保密規定。

2. 採購部要求供應商在規定時間內提供符合要求的樣品，並對認證項目進行協調、監控。

3. 採購部組織技術部、品管部等職能部門對樣品性能、品質、外觀進行評估。

4. 根據認證結果確定三家以上合格供應商，並將試製認證結果上報採購經理審核。

第7條　中試認證。

採購部按照以下流程對通過試製認證的供應商進行中試認證：

1. 採購部與供應商簽訂中試合約，合約中應明確規定公司向供應商提供的中試資料及供應商應準備的小批件。

2. 採購部追蹤、協調供應商準備中試小批件的過程，並對供應商提交的小批件進行中試評估，評估內容主要包括品質、成本等。

3. 採購部根據中試結果選取若干個供應商，並將中試認證結果上報採購經理審核。

第8條　批量試製認證。

採購部與通過中試認證的供應商簽訂批量試製合約，保證產品品質的穩定性和可靠性，使該供應商提供的產品具有大規模生產的可能性，具體操作步驟如下所示：

表6-4（續）

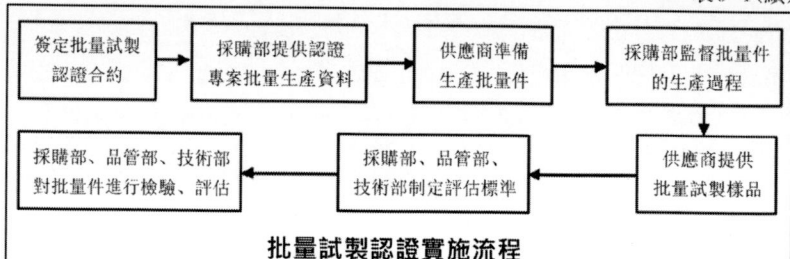

```
簽定批量試製      →   採購部提供認證       →   供應商準備      →   採購部監督批量件
認證合約              專案批量生產資料         生產批量件          的生產過程
                                                                      ↓
採購部、品管部、技術部  ←   採購部、品管部、      ←   供應商提供
對批量件進行檢驗、評估      技術部制定評估標準         批量試製樣品
```

批量試製認證實施流程

第9條　價格認證。

採購部對批量試製通過的供應商報價進行分析，確定報價是否滿足公司要求，並撰寫「價格認證報告」，上交採購經理審核、總經理審批。

第四章　採購認證工作總結

第10條　簽訂採購供應合作規劃。

採購經理根據採購認證結果，與供應商簽訂採購合作規劃。在簽訂該規劃時，採購經理應注意選用合適的採購策略、適宜的採購時機，以保證企業生產的穩定運作。

第11條　簽訂品質保證協議。

1. 採購部與通過認證的供應商簽訂「品質保證協議」。
2. 「品質保證協議中」應約定供應物資需要達到的品質標準及違反協議應受到的處罰。

第12條　採購認證工作總結。

採購部在採購認證工作結束後的兩個工作日內，編寫「採購認證工作總結」，送交採購經理審核。

第五章　附則

第13條　本制度自執行之日起，原「採購認證實施辦法」即日作廢。

第14條　本制度由採購部制定，經採購總監審批通過後實施。

編制日期		審核日期		批准日期	
修改標記		修改處數		修改日期	

6.4 採購質量管理制度

採購質量管理制度如表6-5所示：

表6-5 採購質量管理制度

制度名稱	集中品質管理制度		編　　號	
執行部門		監督部門	編修部門	

第一章　總則

第1條　目的。

為防止不合格物資投入生產為公司帶來損失，保證採購物資的品質符合公司生產經營的需要，特制定本制度。

第2條　適用範圍。

本制度適用於採購品質檢驗準備、實施及結果處理等工作。

第3條　權責劃分。

1. 採購部負責組織、實施採購品質檢驗，處理驗收異常情況等。
2. 品管部協助採購部對採購物資進行品質檢查。
3. 技術部負責向品管部解釋相關技術標準並提供技術幫助。
4. 對於較為特殊的物資或設備，採購部應組織技術部、品管部、設備使用部門一同參與品質檢驗。

第二章　採購品質檢驗準備

第4條　檢驗準備內容。

1. 採購部在採購品質檢驗實施前，應做好以下準備工作：

(1) 採購部應在供應商發貨後，通知品管部及倉儲部人員做好品質檢驗準備。

(2) 採購部應準備好相應的檢驗材料，包括供應商的供貨品質標準、種類、數量等。

2. 品管部在採購品質檢驗實施前，應做好以下準備工作：

(1) 準備品質檢驗所需的儀錶儀器、測量工具、計量器具等。

(2) 為特殊物資檢驗配備相應的防護用品，制定應急防範措施。

表6-5(續)

(3) 研究技術部提供的物資品質要求檔，如有疑問，及時諮詢技術部。

3. 倉儲部做好物資搬運及品質檢驗合格後入庫的準備工作，包括儲位準備、墊垛材料準備、入庫單據準備等。

第5條 物資接運。

1. 採購部在供應商物資送達的地點進行收貨。

2. 倉儲部選擇適宜的裝卸搬運方式將採購物資存放到指定驗收區域。

第6條 核對憑證。

1. 採購部核對請購清單與送貨單是否相符。

2. 採購部核對供應商提供的驗收憑證是否齊全。

第三章 採購品質檢驗實施

第7條 數量及外觀檢驗。

1. 採購部清點物資數量，並檢查物資包裝是否完整，規格是否符合採購合約要求。

2. 如發現採購數量不符或物資包裝破損等問題，應及時上報採購經理。

第8條 組織品質檢驗。

1. 採購部、品管部確定品質檢驗內容，選擇適宜的檢驗方式、檢驗方法，協同採購物資使用部門對數量準確、外觀完好的物資按照檢驗規範進行檢驗。

2. 採購部應及時在採購物資的隨貨清單上蓋好檢驗標識，明確檢驗工作的完成情況。

第9條 確定品質檢驗方式。

1. 品管部確定驗收方式，主要包括全檢和抽檢兩種，對大批量到貨一般使用抽檢的方式。

2. 品管部在使用抽樣檢驗時，抽檢比例、抽檢水準等工作事宜如下所述：

(1) 抽檢比例一般受下列因素的影響。質檢人員需根據物資的特性參考下列因素來確定抽檢比例：

6.4 採購質量管理制度

表6-5(續)

抽檢比例確定因素

考慮因素	抽檢比例
價值	採購物資單品價值越高，抽檢比例越大，價值特別大的物資應全檢
性質	採購物資性質不穩定的、質量易變化的，抽檢比例應增加
氣候條件	怕潮商品在雨季抽檢比例應加大，怕凍商品在冬季抽檢比例應加大
運輸方式和工具	如運輸條件較差，易於損壞物資，則應加大抽檢比例
供應商信譽	對信譽好的供應商，應降低抽檢比例，信譽差的供應商，應加大抽檢比例
生產技術	生產技術水平高、物資品質穩定的供應商，抽檢比例小

(2) 抽檢水平包括正常抽檢、加嚴抽檢、放寬抽檢三種。質檢人員應根據物資的特性和公司制定的檢驗說明書選擇合適的抽檢水平。

抽檢標準一覽表

抽檢標準	抽檢數量	實施條件
正常抽檢	—	—
加嚴抽檢	2X正常抽檢數量	● 連續五批物資檢驗中，有兩批以上物資檢驗結果為不合格 ● 供應商的生產設備和生產技術較為落後，物資品質無法得到保證 ● 物資使用部門回饋的品質問題較多，上線退庫率較高 ● 市場反映的品質問題較多
放寬抽檢	1/2X正常抽檢數量或免檢	● 連續五批物資檢驗均合格 ● 供應商的生產設備和生產技術較為完善，具有較強的品質保證能力 ● 在進貨檢驗、生產過程及市場中很少發現配套零件不合格的現象

第10條 選擇品質檢驗方法。

採購部、品管部可根據採購物質的特性，選擇適宜的驗收方法，本公司常用的驗收方法如下所示：

表6-5(續)

驗收方法一覽表

抽檢方法	說明
視覺檢驗	在充足光線下，觀察物資表面狀況，檢查是否發生結塊、變色、脫落、破損、變形等情況
聽覺檢驗	透過輕敲、搬運、搖動等產生的聲音，判斷物資品質
觸覺檢驗	透過物資光滑度、細度、黏度、柔軟等判斷物資品質
嗅覺、味覺檢驗	透過物資特有的氣味、味道判斷物資品質
儀器、技術檢驗	透過專業測試儀器鑑定物資品質包括實驗鑑定、物理試驗、化學分析、專家複檢等
運行檢驗	對車輛、電器、生產設備等進行運行檢驗，確保其能夠正常運行
抽樣檢驗	抽取一定數量的物資作為樣本進行檢驗

第11條 規範採購品質檢驗時限。

採購部應根據品質驗收的數量、物資種類、檢驗負責程度，規定不同的檢驗時限。

1. 對於檢驗工作量較小的物資，品管部應於收到物資後的＿＿個工作日內完成檢驗工作。

2. 對於需使用儀器檢驗或使用理化分析檢驗的物資，品管部應於收到物資後的＿＿個工作日內完成檢驗工作。

3. 對於需運行檢驗的物資，品管部應於收到物資後的＿＿個工作口內完成檢驗工作。

第12條 出具質量檢驗報告、擬定驗收報告。

1. 品質檢驗工作完成後，由品管部出具「品質檢驗報告」，上交採購部審核。

2. 採購部撰寫「驗收報告」，上交採購總監審核。

第四章　採購品質檢驗結果處理

第13條 採購品質檢驗處理。

採購部根據採購品質檢驗結果，對採購物資進行處理。

1. 採購物資通過採購品質檢驗，由採購部加以標識後，通知倉儲部辦理

表6-5(續)

入庫手續。

2. 採購品質檢驗異常的物資，具體情形及其相應的處理方式主要包括以下六種：

（1）供應商交貨數量短缺，應由採購部聯繫供應商補交訂單剩餘物資。

（2）不符合公司品質標準且批次合格率不達標的物資，採購部聯繫供應商辦理退貨手續。

（3）供應商本次提供的物資未通過品質檢驗，但以往品質記錄良好，物資使用部門若不急於使用物資，採購部應要求供應商換貨。

（4）物資未通過品質檢驗，但若經返工即可成為合格品，應由採購部聯繫供應商進行返工，並要求供應商對誤工損失進行賠償。

（5）物資檢驗不合格，但不影響最終產品品質，且物資使用部門急於使用該物資，採購部可進行特採，並要求供應商對公司損失進行賠償。

（6）物資抽檢不合格，但急需使用時，可由品管部對物資進行全檢，接收合格品。

第14條　處理意見審核。

1. 採購部與供應商溝通後，根據物資品質檢驗結果擬定處理意見，上報採購經理審核。

2. 如採購部與供應商協商未達成一致的，應及時上報採購經理，由採購經理根據實際情況做出訴訟、仲裁的決策。

第15條　入庫。

倉儲部對品質檢驗合格的物資辦理入庫手續，填寫入庫單，並辦理入庫帳務事宜。

第五章　附則

第16條　本制度由採購部制定，修改權、解釋權歸採購部所有。

第17條　本制度經總經理審批通過後，自＿＿＿年＿＿＿月＿＿＿日起實施。

編制日期		審核日期		批准日期	
修改標記		修改處數		修改日期	

特采質量管理制度如表 6-6 所示：

表 6-6 特采質量管理制度

制度名稱	特採品質管理制度		編　　號	
執行部門		監督部門		編修部門	

　　第1條　為保證本公司產品品質，規範對不合格物資的特採使用事宜，使產品滿足客戶要求，特制定本制度。

　　第2條　本制度適用於因生產需要，對不合格物資提出特採讓步接受申請、組織特採品質檢驗、作出特採決策等一系列工作。

　　第3條　各職能部門的權責劃分如下：

　　1. 採購部負責審核各部門提交的「特採申請」，及時與供應商溝通，組織、實施特採等工作。

　　2. 品管部負責檢驗需特採的物資，並出具檢驗報告。

　　第4條　特採是指採購物資雖然不符合公司相關要求，但因生產急需且品質尚在可接受範圍內時，公司決定讓步接受物資的情況。

　　第5條　在滿足以下條件時，採購部方可接受實施特採工作。

　　1. 該不合格物資的使用不會影響產品的性能和安全。

　　2. 不使用該不合格物資，會造成本公司大面積停產。

　　3. 該不合格物資的使用，不會造成客戶退貨或投訴。

　　4. 對該不合格物料有行之有效的加工、挑選方案。

　　第6條　品管部對採購物資進行抽檢，判定物資是否符合公司要求，如不符合則判定為不合格品，如實填寫「採購檢驗報告」。

　　第7條　生產部及其他物資使用部門，根據各部門實際情況決定是否需要特採。

　　1. 如不需特採，則由採購部安排退貨。

　　2. 如需特採，且符合特採條件時，應立即填寫「特採作業申請單」，經部門經理簽字後，提交採購部。

　　第8條　採購部召集技術部、品管部、物資使用部門經理進行會審，分

表6-6(續)

析採購物資不合格原因、採購合約、技術工藝等問題，與會人員簽署是否同意特採申請的處理意見。

第9條 採購部將會審意見提交總經理審批。如總經理批准特採，由採購部執行特採工作；如總經理未批准特採，由採購部安排退貨。

第10條 採購部根據「採購檢驗報告」，確定特採執行方式，具體內容如下表所示。

特採執行方式

執行方式	說明
偏差接受	◆ 特採物資僅影響生產速度，不會造成產品最終品質不合格 ◆ 生產部估算超耗工時，經採購部審批後，由採購部與供應商交涉，達成協議後實施
全檢	◆ 批量檢驗為不合格的物資，在其中每個物資品質狀況不相關的情況下，經總經理批准特採後，品管部對其進行全數檢驗，對全檢合格產品辦理入庫，投入使用 ◆ 全檢耗費工時由採購部按程序確認後，送交財務部進行扣款處理
返工	◆ 整批不合格的物資，在公司有能力將其加工為合格品的情況下，生產部應事先向財務部申報費用，採購部就相關費用同供應商達成一致意見後投入生產 ◆ 加工費用由生產部通知財務部進行扣款處理

第11條 採購部人員負責整理特採執行過程中的文件、資料，及時進行歸檔。

第12條 本制度原則上每年更新一次，具體工作由採購部執行。

編制日期		審核日期		批准日期	
修改標記		修改處數		修改日期	

第 7 章 採購成本管理業務·流程·標準·制度

7.1 採購成本管理業務模型

採購成本是指採購活動中發生的各項費用總和,主要包括訂貨成本、維持成本和缺貨成本。採購成本管理是指採購部及其他職能部門對採購成本進行分析、核算、控制的過程。採購成本管理工作的實施有助於減少企業現金的流出,降低產品成本,提高企業經濟效益。圖 7-1 為採購成本管理工作在執行過程中的關鍵事項。

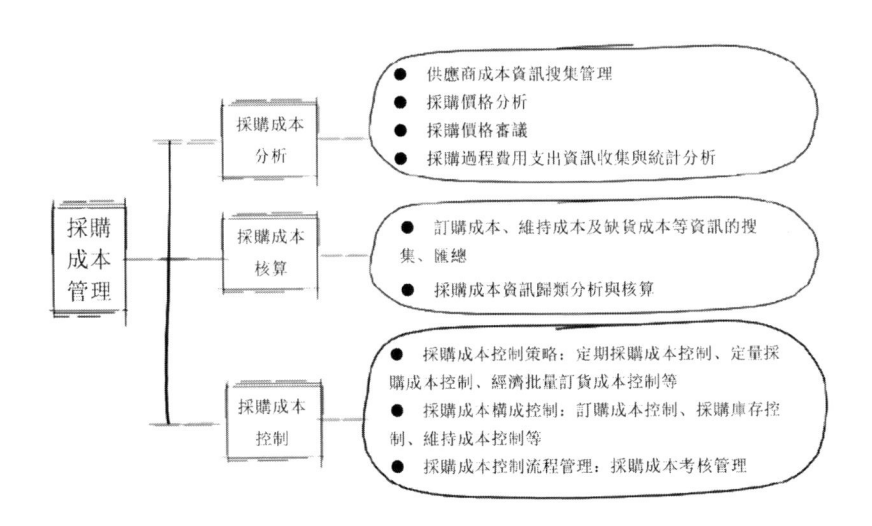

採購成本管理
- 採購成本分析
  - 供應商成本資訊搜集管理
  - 採購價格分析
  - 採購價格審議
  - 採購過程費用支出資訊收集與統計分析
- 採購成本核算
  - 訂購成本、維持成本及缺貨成本等資訊的搜集、匯總
  - 採購成本資訊歸類分析與核算
- 採購成本控制
  - 採購成本控制策略:定期採購成本控制、定量採購成本控制、經濟批量訂貨成本控制等
  - 採購成本構成控制:訂購成本控制、採購庫存控制、維持成本控制等
  - 採購成本控制流程管理:採購成本考核管理

圖 7-1 採購成本管理業務心智圖

採購部負責採購成本管理各項工作的組織、實施,財務部、品管部、倉儲部、技術部負責協同採購部執行採購成本核算及採購成本控制工作的具體事宜。

明確採購成本管理主要工作職責有助於從整個採購過程著眼，最大限度地減少採購成本浪費，加強對採購成本的控制，提高企業經營利潤水平。表 7-1 為企業各職能部門執行採購成本管理工作時的主要職責分工。

表 7-1 採購成本管理工作職責說明表

工作職責	職責具體說明
採購成本分析	1. 採購部在收集供應商資訊時，要注意搜集採購價格資訊，並針對供應商的報價，向其發放「產品成本分析表」，作好供應商產品成本資訊的收集工作 2. 採購部負責作好訂購成本的分析，分析供應商使用材料的成本，研究可降低訂購成本的各項方案，以便最大程度上降低採購物資的總成本 3. 採購部須組織作好採購實施環節的成本費用支出資訊的收集，以便為採購成本分析工作作好資訊支援與準備
採購成本核算	1. 採購部在品管部、倉儲部、人力資源部的協助、配合下，收集、匯總訂購成本、維持成本、缺貨成本等相關資料資訊 2. 財務部根據採購成本費用產生的紀錄及相關資料資訊進行採購成本核算，編制「採購成本核算表」
採購成本控制	1. 採購部協同財務部確定採購成本控制的具體工作目標 2. 在財務部、倉儲部、品管部、技術部等相關部門的配合和協助下，採購部採用多種成本控制方法，加強對採購過程各個環節的成本控制 3. 採購部須配合人力資源做好採購成本控制工作成果的評估，並組織落實人力資源制定的獎懲方案

▎7.2 採購成本管理流程

根據採購成本管理業務心智圖，將關鍵點事項建立流程，方便企業及各級管理人員組織員工落實做好採購成本管理與控制的相關工作。主要流程導圖如圖 7-2 所示。

7.2 採購成本管理流程

採購成本分析流程
- 採購價格分析流程
- 採購價格審議流程
- 供應商成本資訊搜集流程
- 供應成本分析實施流程

採購成本核算流程
- 採購成本資訊搜集匯總流程
- 採購成本核算實施流程

採購成本控制流程
- 採購成本控制策略管理流程：定期採購成本控制流程、定量採購成本控制流程、經濟批量訂貨成本控制流程等
- 採購成本構成控制流程：訂購成本控制流程、採購庫存控制流程、維持成本控制流程等

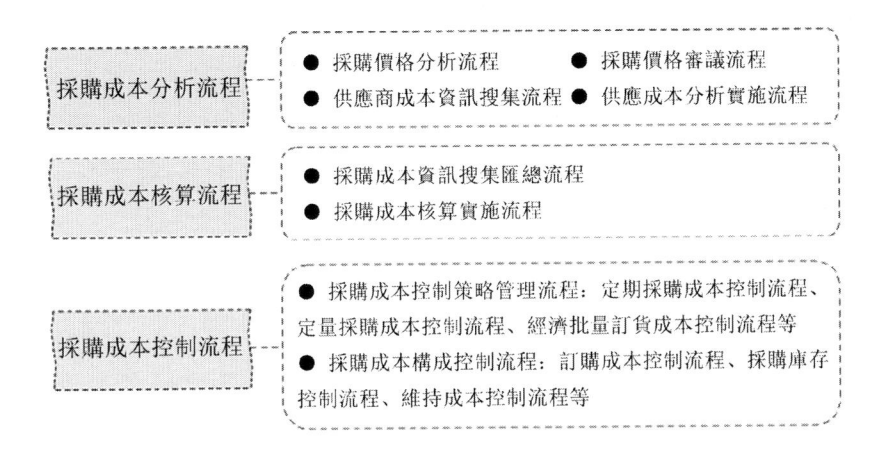

圖 7-2 採購成本管理主要流程設計導圖

採購價格分析流程如圖 7-3 所示：

第 7 章 採購成本管理業務·流程·標準·制度

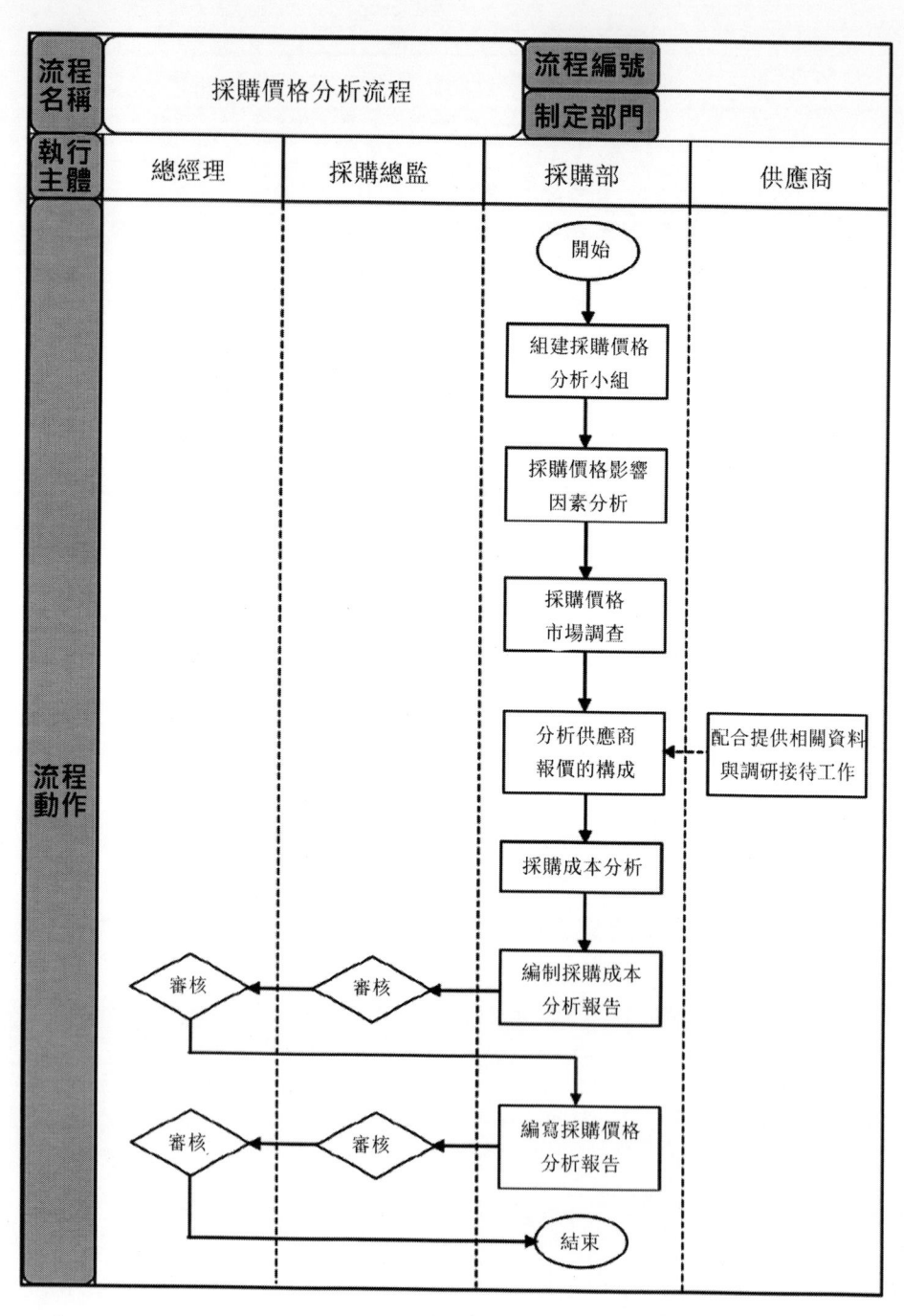

流程名稱	採購價格分析流程		流程編號	
			制定部門	
執行主體	總經理	採購總監	採購部	供應商
流程動作			開始 ↓ 組建採購價格分析小組 ↓ 採購價格影響因素分析 ↓ 採購價格市場調查 ↓ 分析供應商報價的構成 ← ↓ 採購成本分析 ↓ 編制採購成本分析報告 → 審核 → 審核 ↓ 編寫採購價格分析報告 → 審核 → 審核 ↓ 結束	配合提供相關資料與調研接待工作

圖 7-3 採購價格分析流程

7.2 採購成本管理流程

採購成本分析流程如圖 7-4 所示：

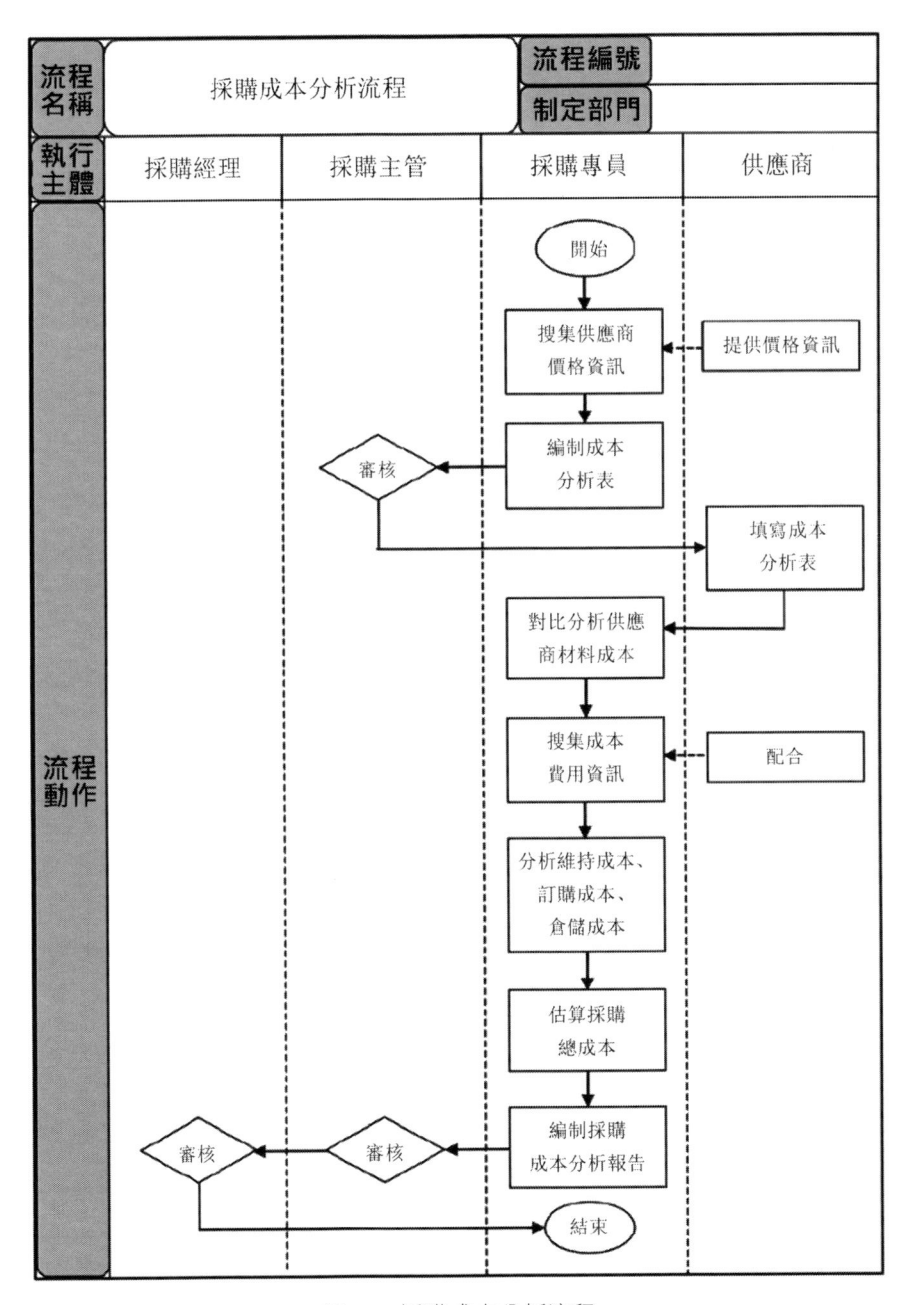

流程名稱	採購成本分析流程		流程編號	
			制定部門	
執行主體	採購經理	採購主管	採購專員	供應商
流程動作			開始 ↓ 搜集供應商價格資訊 ← 提供價格資訊 ↓ 編制成本分析表 → 審核 ↓ ← 　　　　　　← 填寫成本分析表 對比分析供應商材料成本 ↓ 搜集成本費用資訊 ← 配合 ↓ 分析維持成本、訂購成本、倉儲成本 ↓ 估算採購總成本 ↓ 審核 ← 審核 ← 編制採購成本分析報告 ↓ 結束	

圖 7-4 採購成本分析流程

第 7 章 採購成本管理業務·流程·標準·制度

採購成本核算流程如圖 7-5 所示：

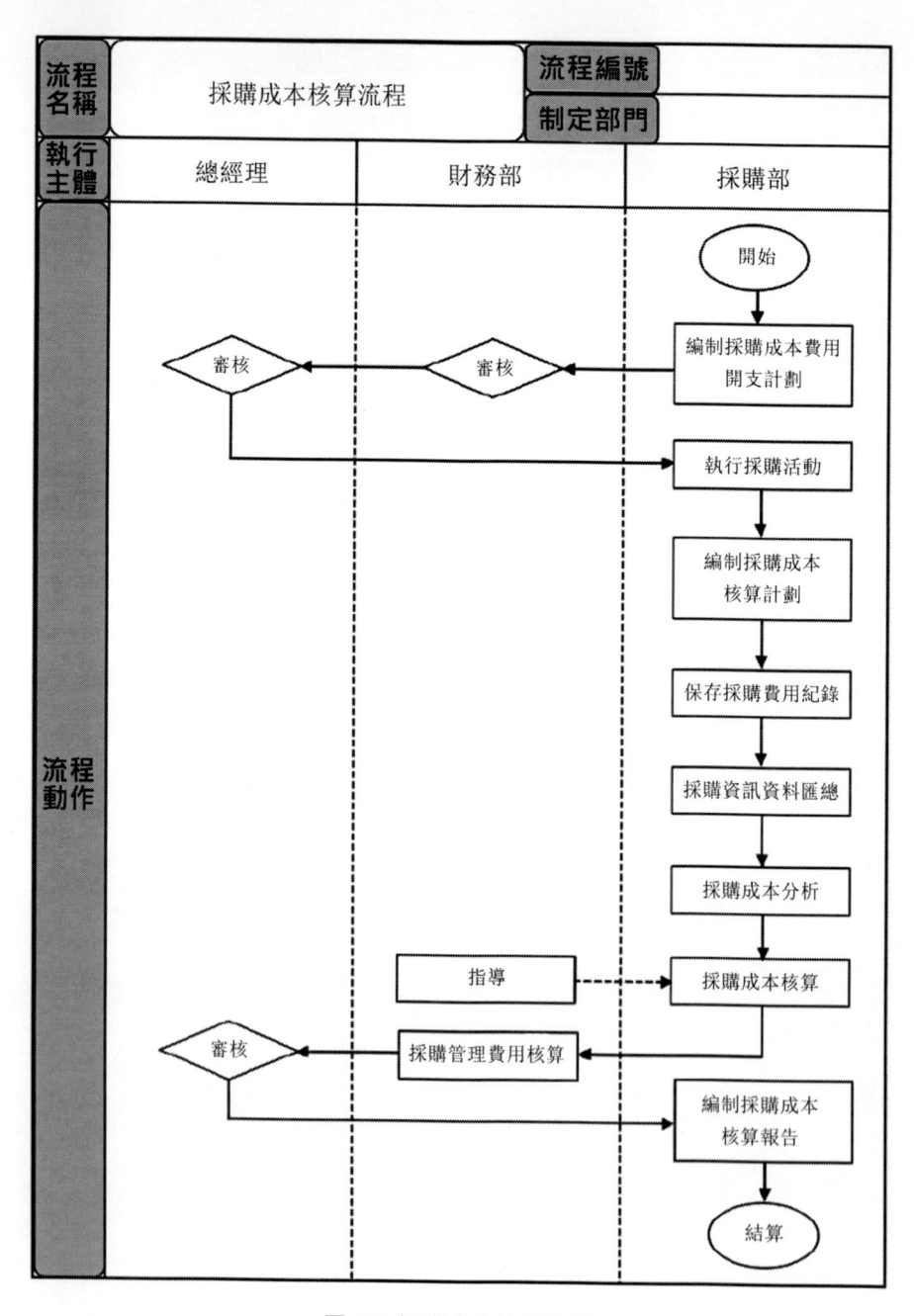

流程名稱	採購成本核算流程		流程編號	
			制定部門	
執行主體	總經理	財務部		採購部
流程動作				開始 ↓ 編制採購成本費用開支計劃 ← 審核 ← 審核 ↓ 執行採購活動 ↓ 編制採購成本核算計劃 ↓ 保存採購費用紀錄 ↓ 採購資訊資料匯總 ↓ 採購成本分析 ↓ 指導 ---→ 採購成本核算 ↓ 審核 ← 採購管理費用核算 ↓ 編制採購成本核算報告 ↓ 結算

圖 7-5 採購成本核算流程

7.2 採購成本管理流程

定期採購成本控制流程如圖 7-6 所示：

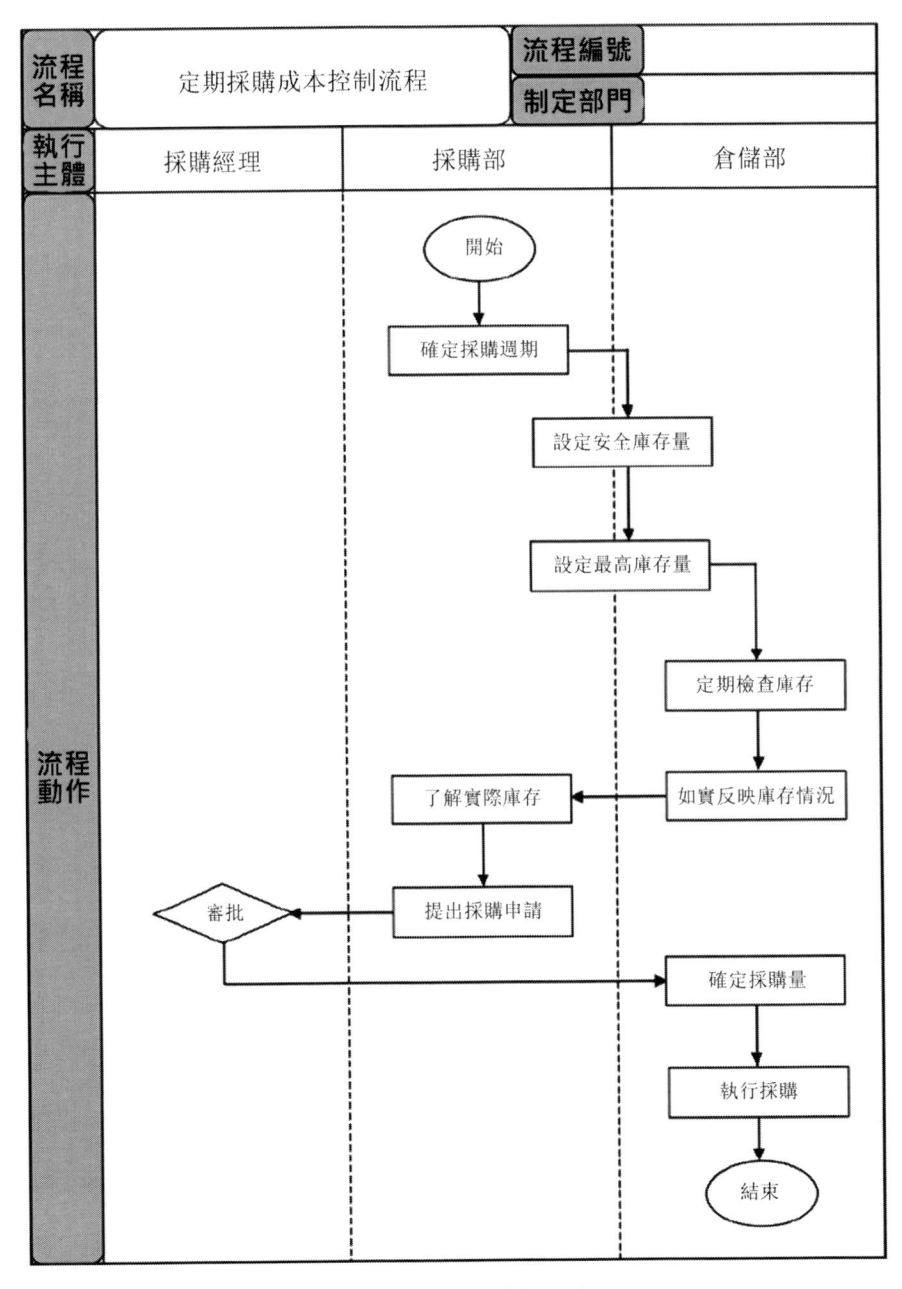

流程名稱	定期採購成本控制流程	流程編號	
		制定部門	
執行主體	採購經理	採購部	倉儲部
流程動作	審批	開始 → 確定採購週期 → 設定安全庫存量 → 設定最高庫存量 → 了解實際庫存 → 提出採購申請	定期檢查庫存 → 如實反映庫存情況 → 確定採購量 → 執行採購 → 結束

圖 7-6 定期採購成本控制流程

定量採購成本控制流程如圖 7-7 所示：

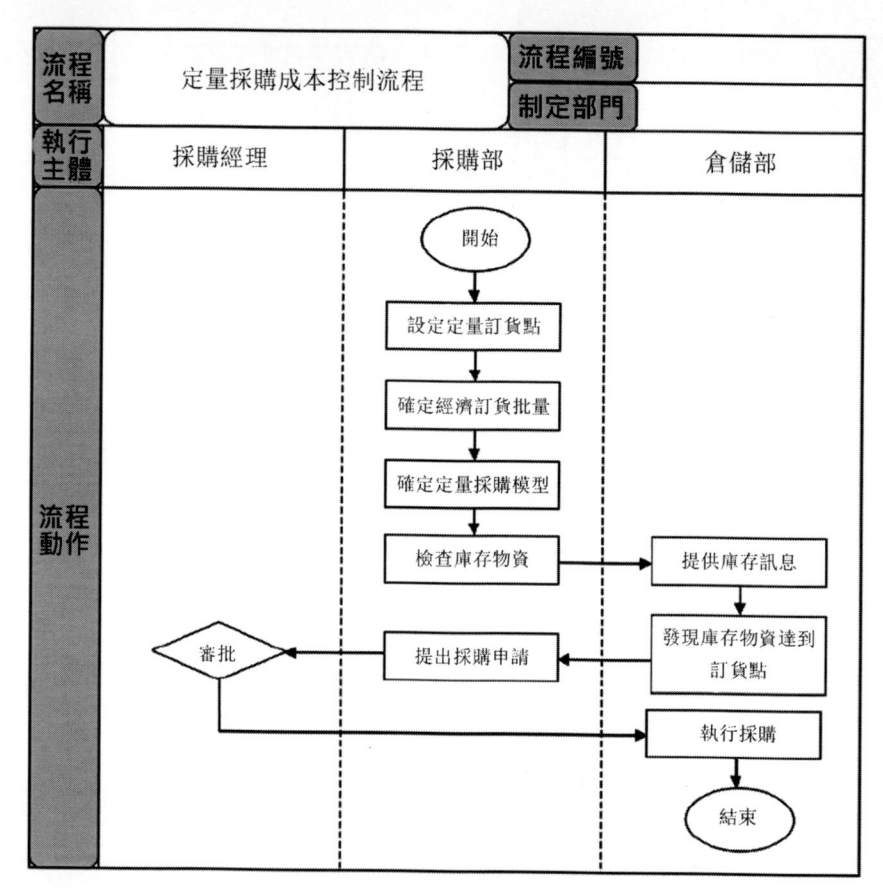

流程名稱	定量採購成本控制流程	流程編號	
		制定部門	
執行主體	採購經理	採購部	倉儲部
流程動作	審批	開始 → 設定定量訂貨點 → 確定經濟訂貨批量 → 確定定量採購模型 → 檢查庫存物資 → 提出採購申請	提供庫存訊息 → 發現庫存物資達到訂貨點 → 執行採購 → 結束

圖 7-7 定量採購成本控制流程

7.3 採購成本管理標準

採購部及企業其他職能部門在執行採購成本管理工作時，應實現以下工作成果，具體工作標準如表 7-2 所示。

7.3 採購成本管理標準

表 7-2 採購成本管理業務工作標準

工作事項	工作依據與規範	工作成果或目標
採購成本分析	◆ 採購成本分析管理辦法 ◆ 採購成本分析實施方案	(1)採購成本分析表編制準確，無數據差錯 (2)採購成本分析報告編制得完善、合理，無數據差錯，及時率達到100％ (3)對供應商報價進行科學、合理地分析，為與供應商進行價格談判提供依據 (4)供應商價格資訊搜集及時率達到100％ (5)及時、全面搜集採購實施環節成本費用資訊
採購成本核算	◆ 財務成本管理制度 ◆ 採購成本核算管理制度	(1)採購成本核算準確率為100％ (2)核算所需的採購費用紀錄保存完好、無缺失 (3)採購成本核算方法選擇準確
採購成本控制	◆ 採購審批權限管理規定 ◆ 採購成本控制制度 ◆ 採購成本控制獎懲方案	(1)選擇適宜的採購批量、採購方式 (2)合理控制訂貨量 (3)規範採購審批權限 (4)嚴格控制維持成本、訂購成本、缺貨成本 (5)加強對採購價格的管控，在保證採購品質和服務水準的前提下，選擇最低的採購價格

採購部協同人力資源部設定採購成本管理工作評估指標，有助於保證採購成本管控工作的執行效果，也為採購成本的考核工作提供標準和降低難度，表 7-3 為具體的績效評估指標及標準。

表 7-3 採購成本管理業務績效標準

工作事項	評估指標	評估標準
採購成本分析	物資採購成本估算準確性	1. 物資採購成本預算金額與採購實際金額的差額超過___萬元，本項不得分 2. 物資採購成本預算金額與採購實際金額的差額在___萬~___萬元，得___分 3. 物資採購成本預算金額與採購實際金額的差額低於___萬元，得___分
	供應商價格資訊搜集完整度	1. 供應商價格資訊搜集完整度可對照「供應商報價分析表」中所需資訊的缺失情況來考核 2. 對於供應商報價分析表所需的資訊，每缺少一項資訊，扣___分，扣至0分為止
採購成本核算	採購成本核算及時率	1. 採購成本核算及時率= $\dfrac{\text{在規定時間內完成的部門成本核算工作}}{\text{部門成本核算工作總量}} \times 100\%$ 2. 採購成本核算及時率應達到___%，每降低一個百分點，扣___分，及時率低於___%，本項不得分
	採購成本核算審核一次性通過率	1. 部門成本核算審核一次性通過率= $\dfrac{\text{一次性通過審核的部門成本核算數量}}{\text{部門成本核算總量}} \times 100\%$ 2. 部門成本核算審核一次性通過率應達到___%，每降低一個百分點，扣___分，及時率低於___%，本項不得分

表7-3(續)

採購成本控制	成本降低與預計目標差異額	1. 成本降低與預計目標差異額=(原單價-新單價)採購量=預計成本降低額 2. 成本降低與預計目標差異額應達到　　萬元，每降低___萬元，扣___分，及時率低於___萬元，本項不得分
	採購價格管理規範性	1. 未能事先確定採購物資底價，未選擇適宜的採購方式、採購技巧和採購策略，本項不得分 2. 能夠根據採購物資底價審核供應商報價，但缺乏採購技巧，未能正確選擇低成本採購策略，得___分 3. 預先確定採購物資底價，並據此審核供應商報價，選擇適宜的採購方式、採購技巧、採購策略，合理控制採購價格，本項得___分

7.4 採購成本管理制度

採購成本管理制度的編制與實施，有助於解決企業在採購成本分析、採購成本核算、採購成本控制三方面的問題，具體內容如圖 7-8 所示。

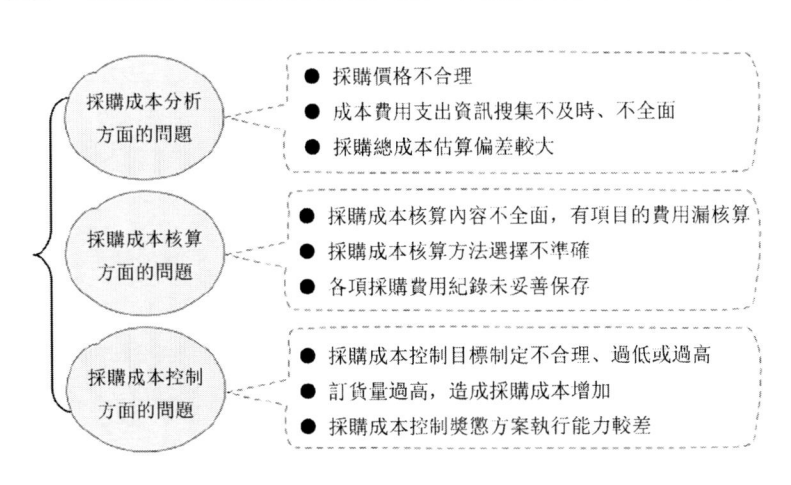

```
採購成本分析方面的問題
 ● 採購價格不合理
 ● 成本費用支出資訊搜集不及時、不全面
 ● 採購總成本估算偏差較大

採購成本核算方面的問題
 ● 採購成本核算內容不全面，有項目的費用漏核算
 ● 採購成本核算方法選擇不準確
 ● 各項採購費用紀錄未妥善保存

採購成本控制方面的問題
 ● 採購成本控制目標制定不合理、過低或過高
 ● 訂貨量過高，造成採購成本增加
 ● 採購成本控制獎懲方案執行能力較差
```

圖 7-8 採購成本管理制度解決問題導圖

171

採購價格審議方案如表 7-4 所示：

表 7-4 採購價格審議方案

制度名稱	採購價格審議辦法		編　　號	
執行部門		監督部門	編修部門	

第1條　目的。

為降低公司採購價格，控制採購成本，提高公司經濟效益，特制定本辦法。

第2條　適用範圍。

本辦法適用於對採購價格審議的準備、實施及審議結果監督等工作。

第3條　組建採購價格審議小組。

採購部組建採購價格審議小組，小組成員來自財務部、生產部、品管部。

第4條　採購價格審議小組工作職責。

1. 採購價格審議小組負責審議採購價格是否合理。

2. 採購價格審議小組定期審查價格檔案，並督促採購部做好重要物資價格檔案更新工作。

3. 督促採購部做好審議結果執行工作，在保證採購品質的同時降低採購成本。

第5條　採購價格審議流程。

1. 採購部制定採購價格審議方案，報經採購經理批准後執行。

2. 採購部根據議價結果編制「採購報價單」，經採購經理簽字後，提交財務部。

3. 財務部根據「採購報價單」和採購底價，填寫「採購價格審議表」，並將「採購報價單」「採購價格審議表」提交至採購價格審議小組，作為審議工具之一。

4. 採購價格審議小組應在審議工作開始前確定審議方法，主要包括資料查閱法、現場盤查法、網上查詢法等。

5. 採購價格審議小組在瞭解採購物資基本資訊、底價、可替代物資情

表7-4(續)

況、安全庫存、庫存成本等情況的基礎上,根據「採購報價單」「採購價格審議表」中提供的細項資訊,了解供應商供貨資訊。

 6. 採購價格審議小組透過調查、分析以上資訊,討論物資採購價格的合理性,最終確定審議結果。

 第6條 採購價格檔案審議。

採購價格審議小組定期對採購價格檔案進行檢查,需檢查的內容如下所示:

1. 檢查採購間隔檔案的分類情況、完整情況。
2. 檢查價格檔案的更新情況。
3. 檢查物資檔案價格是否超過底價。

 第7條 審議結果執行情況監督。

採購部根據審議結果,辦理採購或重新與供應商議價。

 第8條 本辦法經總經理審批通過後實施。

編制日期		審核日期		批准日期	
修改標記		修改處數		修改日期	

採購成本控制制度如表 7-5 所示:

表 7-5 採購成本控制制度

制度名稱	採購成本控制制度		編　　號	
執行部門		監督部門		編修部門

第一章　總則

第1條　目的。

為加強對採購成本的控制，降低公司成本支出，提高公司市場競爭力，特制訂本制度。

第2條　適用範圍。

本制度適用於採購成本控制目標的制訂、採購成本控制的實施、採購成本控制評估與獎勵等工作。

7.4 採購成本管理制度

表7-5(續)

第3條　權責劃分。
1. 採購部負責採購成本控制工作的組織、實施、監督工作。
2. 財務部負責審批採購預算、確定採購成本控制目標、採購價格管控、採購成本核算等工作。

第4條　術語解釋。
採購成本包括維持成本、訂購成本、缺貨成本，具體界定說明如下：
1. 維持成本是指維持物資原有狀態而產生的費用支出，包括：資金成本、管理費用、保險費用、折舊費用、倉儲成本、運輸成本等。
2. 訂購成本是指從發出訂單到收到物資整個過程中所產出的費用支出。
3. 缺貨成本是指因物資供應中斷造成的損失。

第二章　確定採購成本控制目標

第5條　採購計畫的制訂與審批。
採購部根據各部門提交的採購申請、物資需求計畫、物資庫存情況制訂物資採購計畫，上報採購經理審核、總經理審批。

第6條　採購預算的制定與審批。
採購部根據採購計劃編制採購預算，並將採購預算上報財務部。財務部進行採購預算試算平衡，經總經理審批通過後，採購部執行採購預算。

第7條　確定採購成本控制目標。
財務部制定採購成本控制目標，作為是否同意採購部提交的「採購申請」的依據之一，報經財務經理審核、總經理審批。

第三章　採購成本控制實施

第8條　採購訂貨量控制。
1. 採購部應審查各部門請購單中的請購數量是否在其控制限額的範圍內。
2. 對於需大量採購的物資，採購部應先分析採購數量對採購成本的影響。
3. 倉儲部應填寫「物資庫存日報表」，及時向採購部反映庫存資訊。
4. 採購部搜集未達物資資訊，填寫「未達物資日報表」，並對訂單資

175

表7-5（續）

訊進行即時追蹤。

5. 採購部透過現有庫存量、物資安全庫存量、未達物資資訊、已分配物資量、貨源情況、物資需求量等因素，透過運用定量訂貨或定期訂貨等方法，確定最佳物資訂貨量和訂貨週期。

第9條　採購價格管控。

1. 採購部經理應根據事先核定的物資採購底價審核供應商報價。

2. 採購部根據公司經營情況、業務需求選擇適宜的採購方式，降低公司採購成本。

3. 採購部、財務部事先採用成本加成法、市價法、投資報酬率法等方法確定物資價格，以便精準確定底價。

（1）物資價格包括廠價、出廠價、現金價、淨價、毛價、合約價、現貨價等。

（2）物資價格的計算公式為：物資價格＝物資生產製造所需材料×所需材料的單價＋物資生產製造所需的標準時間×（單位時間工資率＋單位時間費用）＋企業預期利潤。

4. 採購部確定採購物資定價流程，主要包括詢價、比價、估價和議價環節，具體內容如下圖所示：

1	詢價：採購部透過多種通路搜集物資價格資訊
2	比價：採購部透過供應商報價、物資規格和品質等資訊，建立比價體系
3	估價：採購部、財務部、技術部估算物資底價
4	議價：採購部根據底價、市場行情、採購批量等資訊，議定採購價格

確定採購物資定價流程

5. 議價小於或等於採購底價時，採購部即可執行採購活動；議價高於採購底價時，應由財務部審核、總經理審批後，採購部方可執行採購活動。

6. 採購物資價格若低於採購底價，公司應給予採購人員一定比例獎勵。

第10條　訂單下達控制。

表7-5（續）

1. 採購部應對訂單進行編號，並在發出訂單前，確認訂單的有效性和準確性。

2. 採購部在向供應商發出訂單前，應複查供應商的主要文件資料、價格、數量等資訊。

3. 訂購手續完成後，應填寫訂單，訂單一式三聯。

第11條　供應商日常管控。

1. 公司鼓勵供應商早期參與，選擇讓與公司合作較為密切且具有較高信譽度的供應商參與產品設計，實現降低採購成本的目的。

2. 採購部在與供應商溝通的過程中，應協辦助供應商不斷完善生產技術，促進採購成本的下降。

3. 實現供應商管理資訊化，降低管理成本。

4. 與供應商建立長期合作關係，節省合約簽訂成本。

5. 採購部鼓勵供應商之間的良性競爭。

6. 採購部在與供應商簽訂訂單時，應明確包裝和運輸要求。

7. 採購部可適當延長向供應商的付款時間，為公可爭取更多的現金流。

第四章　採購成本控制評估與獎懲

第12條　採購成本控制評估。

財務部需組織採購部、人力資源部共同對採購成本控制情況進行評估。

1. 財務部對採購成本進行核算，包括：訂購成本核算、維持成本核算和缺貨成本核算。

2. 財務部將核算後的採購成本與預先確定的採購成本控制目標進行對比，確認採購成本是否在目標控制的範圍內．

3. 採購部向人力資源部反映成本控制執行情況，並提供相應的文件、資料。

第13條　實施獎懲。

人力資源部、採購部、財務部根據採購成本控制執行情況及採購成本對比結果，制定採購成本控制獎懲方案，方案經人力資源經理、採購經理、財務經理審批通過後實施。

表7-5(續)

第五章 附則

第14條 本制度由採購部負責制定與修訂工作,其解釋權歸本公司所有。

第15條 本規定報總經理審定後,自___年___月___日起實施。

編制日期		審核日期		批准日期	
修改標記		修改處數		修改日期	

訂購成本控制方案如表7-6所示:

表7-6 訂購成本控制方案

制度名稱	訂購成本控制方案	編　　號	
執行部門		監督部門		編修部門	

第一章 總則

第1條 目的。

為控制因採購工作而展開各種活動所支付的費用,降低採購成本,特制定本方案。

第2條 適用範圍。

本方案適用於對請購過程、採購過程、物資入庫過程、採購費用報銷過程中的成本控制工作。

第3條 權責劃分。

1. 採購部負責統籌訂購成本控制工作,包括審批採購申請、確定供應商及採購過程監督等。

2. 財務部負責審核採購申請,按採購合約審批、支付物資採購款項、核算訂購成本等工作。

第4條 術語解釋。

訂購成本是指公司為實現採購而開展各種活動所支付的費用,主要包括固定成本與變動成本。

1. 固定成本是指採購部日常工作運轉所花費的支出,屬於採購部的基本

表7-6(續)

支出。

2. 變動成本包括請購手續成本、採購執行成本、進貨驗收成本、進庫成本和其他成本等。

變動成本一覽表

變動成本分類	相關活動	發生的費用明細
請購手續成本	編制採購申請	請購人工成本 請購工作所需辦公用品費用
	審批採購申請	審查、審批費用
採購執行成本	篩選、評估供應商	採購物資定價費用
	填寫採購訂單、收貨單、驗收單	採購通訊費用、辦公費用
進貨驗收成本	物資品質檢驗	品質檢驗人工費用、交通費用 檢驗所需儀器、儀表、實驗室費用
進庫成本	物資裝卸、搬運、入庫填寫入庫單	物資裝卸、搬運人工費用 裝卸所需車輛費用

第二章 請購過程控制

第5條 請購授權審批控制。

為降低請購過程成本，採購部、財務部及公司各級主管應明確審批人對請購的批准權限和批准方式，降低相關成本支出。

請購審批權限

採購項目	採購金額	請購程序			
		申請人	初審人	複核人	審批人
計劃內採購	＿＿萬元以下	採購專員	採購經理	財務主管	＿＿＿
	＿＿萬元以上	採購專員	採購總監	財務經理	總經理
計劃外採購	＿＿＿	採購專員	採購總監	財務經理	總經理

第6條 最佳化請購審批流程。

1. 請購部門根據工作需要填寫請購單後，經部門負責人簽字，倉儲部

表7-6（續）

核實庫存狀態後，送至採購部。

1. 採購部匯總各部門提交的請購單後，填寫「採購申請單」，同時編制「採購預算」，並根據是否為計劃內採購、採購金額等因素，報採購經理或採購總監審核。

2. 採購經理或採購總監收到「採購申請單」「採購預算」並審核通過後，交財務部審核。

3. 計劃內採購且採購金額在＿＿萬元以下，經財務部審核通過後即可由採購部執行採購；計劃內採購且採購金額在＿＿萬元以上及計劃外採購，經財務部審核通過後，需經總經理審批後方可執行採購。

第三章　採購過程控制

第7條　採購方式控制。

1. 採購部應根據採購需選取適宜的採購方式，避免因採購方式選擇失誤導致的訂購成本增加。

2. 如未按照以下適用範圍選擇採購方式，採購部自行承擔相應損失。

採購方式控制一覽表

採購方式	適用範圍
招標採購	大宗物資採購
議價採購	一般物資採購
定價收購	採購物資數量巨大，幾家供應商無法滿足公司需求
公開市場採購	需在公開交易市場貨拍賣場中進行的大宗物資採購

第8條　最佳化採購流程。

採購部應嚴格按照公司採購流程要求執行採購工作，及時做好與總經理辦公室、財務部、品管部、倉儲部、請購部門的溝通工作。

第9條　供應商選擇控制。

1. 採購部應建立完善的供應商檔案，並對供應商檔案實施資訊化管理，定期對供應商檔案進行更新，保證檔案的時效性。

表7-6(續)

2. 採購部協同質檢部、生產部、財務部建立嚴格的供應商准入制度，加強對供應商的認證管理。

第10條　採購價格控制。

1. 採購部應對所有採購物資建立價格檔案，並根據市場情況及時對價格檔案進行更新。

(1) 採購部收到供應商的報價後應立即與採購價格方案中的價格進行分析。

(2) 採購價格不能超過採購價格檔案中的價格水準，如因故超過，需列明詳細原因。

2. 採購部、財務部、生產部、質檢部每季度搜集重要物資的價格資訊，對價格檔案進行及時更新。

3. 財務部根據市場變化、產品標準等因素制定採購底價，督促採購部不斷降低採購價格。

第11條　物資驗收、入庫控制。

1. 採購部、質檢部、倉儲部應嚴格按照物資入庫規範進行操作，提高質檢人員工作效率及物資入庫效率。

2. 如因質檢人員違規操作造成的驗收儀器、設備損壞，由質檢人員承擔相應損失。

3. 如因倉儲部員工暴力裝卸造成的物資損壞、搬運設備損壞，由倉儲人員承擔相應損失。

第四章　訂購成本控制考核與獎懲

第12條　訂購成本控制評估。

1. 採購部協同人力資源部對訂購成本控制的各個環節進行評估。

2. 評估內容可包括請購報批出錯率、採購失誤次數、請購及時率、採購滯後情況、採購預算執行情況、採購實際價格與定價的差額、物資驗收準確率、入庫時間等。

第13條　訂購成本控制獎懲。

採購部協同人力資源部制訂獎懲方案，對相關責任人實施獎懲。

表7-6(續)

第五章　附則					
第14條　本方案由採購部負責制定與解釋工作，報總經辦審議通過後，自頒布之日起實施。					
第15條　本方案原有規定與本制度相牴觸時，均以本制度為準。					
編制日期		審核日期		批准日期	
修改標記		修改處數		修改日期	

採購庫存控制制度如表 7-7 所示：

表 7-7 採購庫存控制制度

制度名稱	採購庫存控制制度		編　號	
執行部門		監督部門	編修部門	

第1條　目的。

為提高公司庫存管理的科學性、有效性，降低庫存管理成本，特制定本制度。

第2條　適用範圍。

本制度適用於公司庫存物資分類、請購點設定、物資保養等各項採購庫存控制工作。

第3條　權責劃分。

1. 採購部負責統籌採購庫存控制工作。

2. 倉儲部協同採購部、財務部負責各項採購庫存控制工作的執行，包括預測庫存量、設置庫存量基準、庫存分類、庫存物資養護、庫存物資盤點等工作。

3. 財務部負責核算庫存費用、採購費用、生產成本、採購成本，為庫存量、請購點、經濟訂貨批量的計算提供依據。

第4條　庫存量預測。

倉儲部配合採購部根據物資庫存即時情況、上年度物資月平均用量，結

7.4 採購成本管理制度

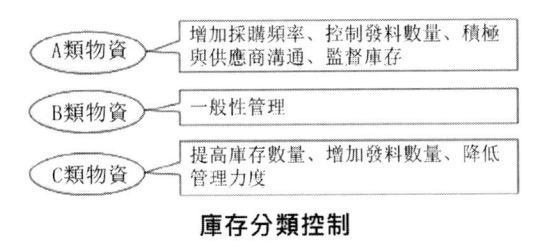

表7-7(續)

合本年度生產計劃，採用定性預測法或定量預測法預估物資月用量。

1. 定性預測法是指倉儲部、採購部與具有多年工作經驗的生產人員、銷售人員及各部門管理人員溝通，進而做出庫存量預測。

2. 定量預測法主要包括時間序列法和計量經濟模型法。

第5條　庫存成本定期統計分析。

倉儲部協同財務部每月進行一次庫存成本統計分析。

1. 應用成本時間比較分析法，將本月與上月庫存成本進行比較、本年度與上年度同期庫存成本進行比較，分析庫存成本的變化趨勢及其原因。

2. 應用成本結構比較法，對各部門、各班組的庫存成本進行比較分析，根據變動趨勢總結經驗和教訓。

第6條　庫存成本分層控制。

倉儲部協同採購部、生產部、銷售部對庫存成本進行分層控制，具體控制內容如下表所示。

庫存成本分層控制

分層控制內容	說明
庫存持有成本控制	透過對庫存物資的分析，確定庫存的規模、周轉率、分布情況，減少持有成本
庫存訂貨成本控制	確定訂貨方式、訂貨量、訂貨週期、制定庫存的再訂貨點
庫存缺貨成本控制	準確預測物資需求量，避免因缺貨造成的損失

第7條　庫存分類控制。

倉儲部協同採購部採用ABC法對庫存物資進行分類管理，即將庫存物資按照重要程度由高至低的順序分為A、B、C三類，針對不同類別的物資制定不同的控制策略，具體內容如下圖所示。

- A類物資：增加採購頻率、控制發料數量、積極與供應商溝通、監督庫存
- B類物資：一般性管理
- C類物資：提高庫存數量、增加發料數量、降低管理力度

庫存分類控制

表7-7(續)

第8條 設置安全庫存量。

1. 倉儲部應在採購部的協助下設定物資安全庫存量，保證物資的庫存量在安全庫存量以上，減少缺貨成本。

2. 安全庫存量的計算公式為：安全庫存量＝(生產週期－運輸時間＋品質檢驗時間)×單位時間物資使用量＋最低庫存量。

第9條 設定請購點。

倉儲部、採購部透過分析歷史資料，確定物資庫存維持費用，並根據物資庫存維持費用、物資需求水準、安全庫存量等因素設置請購點。

第10條 設定訂貨批量。

倉儲部、採購部根據採購物資價格、庫存訂購成本、庫存保管費用等因素，採用經濟訂貨批量模型確定最經濟的訂貨週期和訂貨批量。

第11條 制訂物資保養計畫。

倉儲部應定期制定物資保養計畫，在計畫中應列明以下保養措施：

1. 倉儲部應瞭解常見物資的安全濕度和溫度，熟悉倉庫內外濕度、溫度的變化規律，及時進行溫度、濕度調節。

2. 倉儲部應瞭解物資是否易於黴變，掌握預防黴變的有效措施，做好翻面、通風、噴灑殺蟲劑等工作。

第12條 廢、滯料及時處理。

1. 倉儲部定期對庫存物資進行盤點，避免物資損失。

2. 倉儲部定期處理庫存時間較長且失去庫存價值的物資，以節約庫存成本。

第13條 本制度由採購部負責制定、修訂，其解釋權歸採購部所有。

編制日期		審核日期		批准日期	
修改標記		修改處數		修改日期	

第 8 章 採購結算管理業務・流程・標準・制度

8.1 採購結算管理業務模型

採購結算是指企業按照採購合約的規定,及時向供應商支付貨款的過程。按照以下業務內容執行採購結算管理工作,有助於規避在執行過程中出現的付款審核不嚴格、付款金額錯誤、付款方式不恰當等問題,具體內容如圖 8-1 所示。

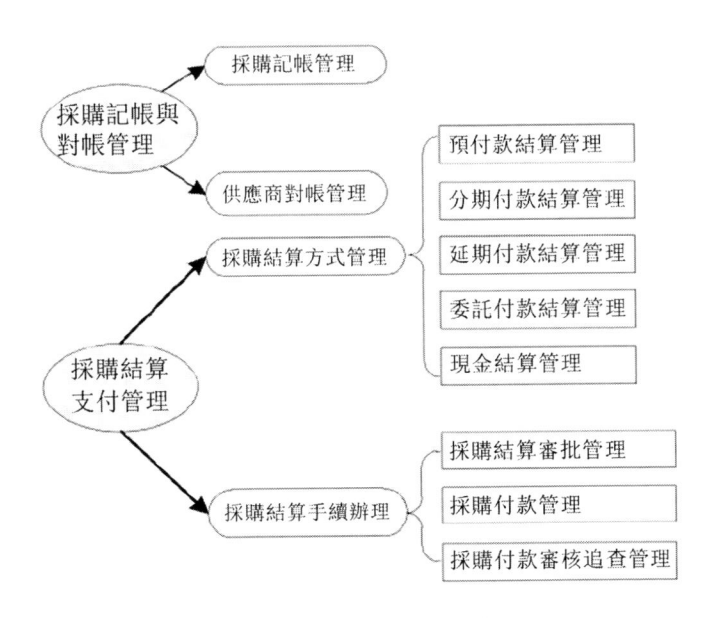

圖 8-1 採購結算管理業務心智圖

採購部統籌管理採購結算工作,包括採購記帳、與供應商協商確定結算方法、提交結算單據等。財務部協助採購部負責與供應商對帳,向供應商支付貨款等工作。

明確採購結算管理的工作職責有助於規範企業採購及貨幣資金支付行為，減少採購結算失誤的次數，表 8-1 為採購部及其他相關職能部門在執行採購結算管理中的主要職責分工。

表 8-1 採購結算管理主要工作職責說明表

工作職責	職責具體說明
採購記帳與對帳管理	1. 財務部負責填制記帳憑證，據此登記各類明細分類帳，並於月末填制匯總帳目，並根據登記的總帳填報採購帳簿 2. 採購部負責匯總、核對供應商提交的對帳明細資料 3. 財務部核對供應商對帳單與財務記帳數是否相符，如存在不相符現象，應及時查明原因，雙方達成一致後，財務部編制應付帳款匯總表
採購結算支付管理	1. 採購部在供應商談判時，雙方需協商確定具體的結算方式 2. 每有一筆採購訂單執行後，採購部應及時向財務部提供結算單據，申請結算 3. 財務部審核應付帳款表、付款申請單，核對付款憑證並根據事先協商好的付款方式向供應商支付貨款

8.2 採購結算管理流程

採購結算管理流程按照並列式結構，可分為採購記帳與對帳管理流程和採購結算支付管理流程兩個主要流程，具體內容如圖 8-2 所示。

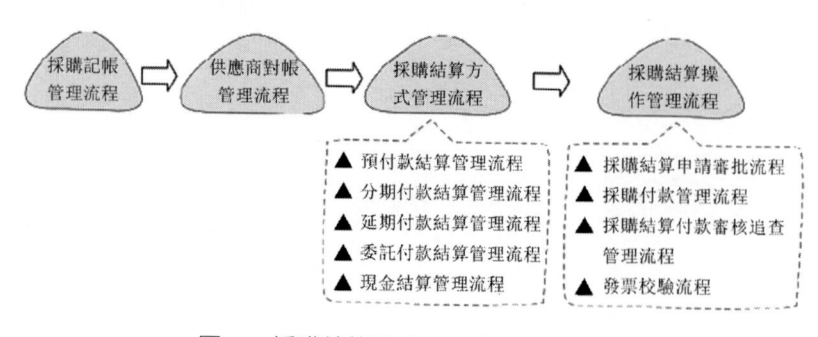

採購記帳管理流程 ⇒ 供應商對帳管理流程 ⇒ 採購結算方式管理流程 ⇒ 採購結算操作管理流程

採購結算方式管理流程：
▲ 預付款結算管理流程
▲ 分期付款結算管理流程
▲ 延期付款結算管理流程
▲ 委託付款結算管理流程
▲ 現金結算管理流程

採購結算操作管理流程：
▲ 採購結算申請審批流程
▲ 採購付款管理流程
▲ 採購結算付款審核追查管理流程
▲ 發票校驗流程

圖 8-2 採購結算管理主要流程設計導圖

8.2 採購結算管理流程

採購付款申請審批流程如圖 8-3 所示：

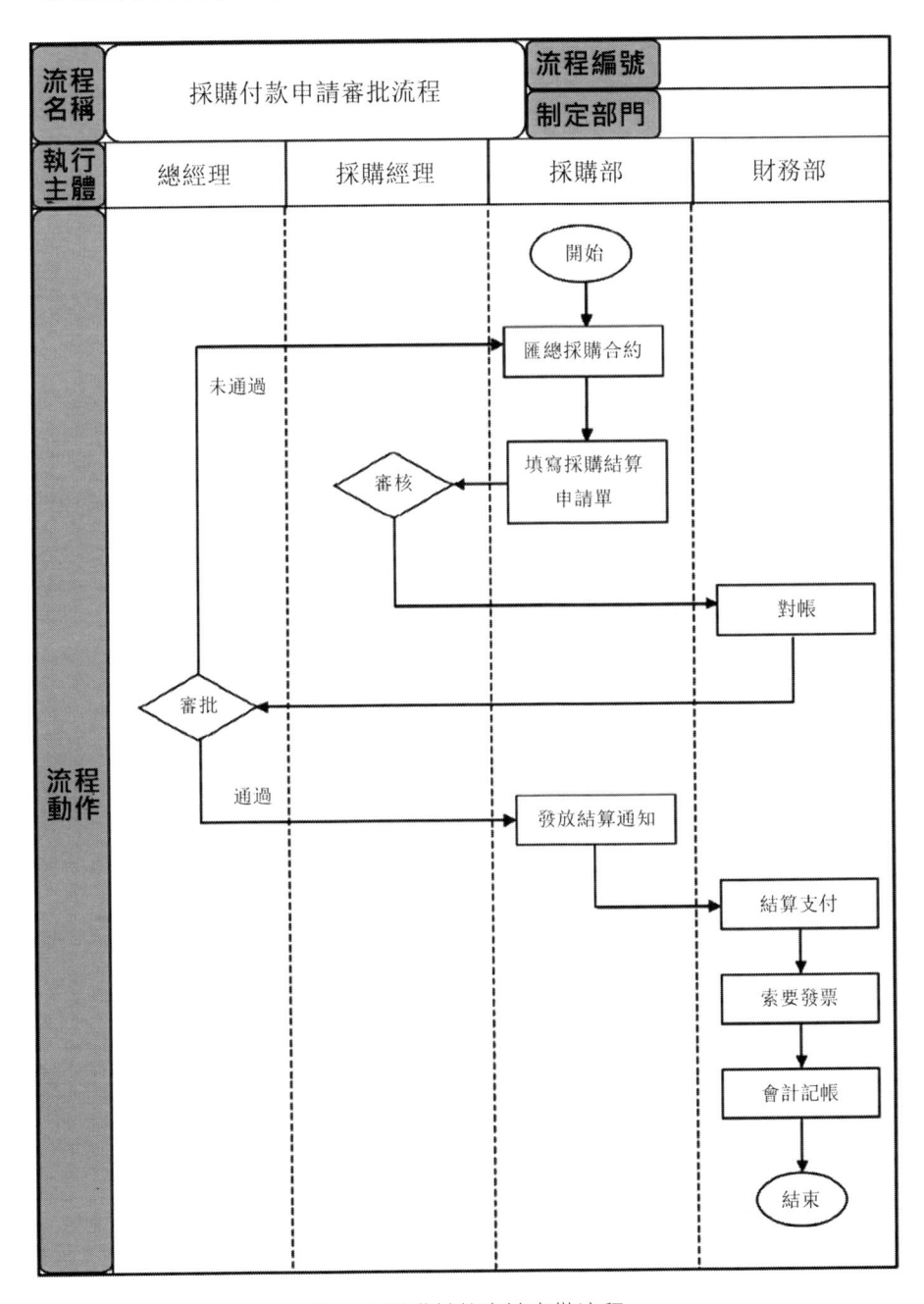

流程名稱	採購付款申請審批流程		流程編號	
			制定部門	

執行主體：總經理　採購經理　採購部　財務部

流程動作：

- 開始
- 匯總採購合約
- 填寫採購結算申請單
- 審核（未通過→返回）
- 對帳
- 審批（通過）
- 發放結算通知
- 結算支付
- 索要發票
- 會計記帳
- 結束

圖 8-3 採購付款申請審批流程

187

第 8 章 採購結算管理業務·流程·標準·制度

採購結算對帳實施流程如圖 8-4 所示：

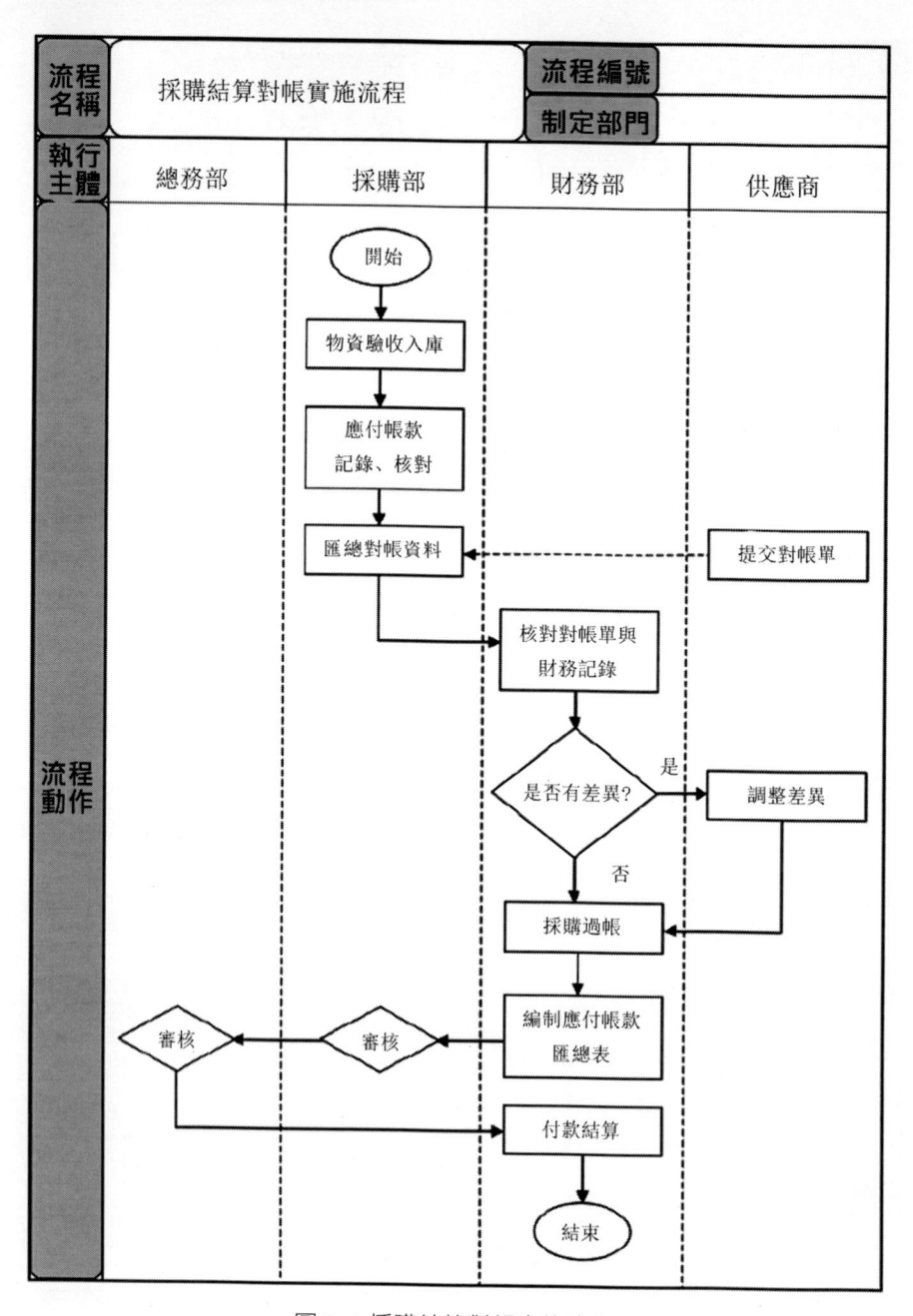

流程名稱	採購結算對帳實施流程		流程編號	
			制定部門	
執行主體	總務部	採購部	財務部	供應商
流程動作		開始 → 物資驗收入庫 → 應付帳款記錄、核對 → 匯總對帳資料 → 審核	核對對帳單與財務記錄 → 是否有差異？ → 採購過帳 → 編制應付帳款匯總表 → 付款結算 → 結束	提交對帳單 / 調整差異

審核（總務部）← 審核（採購部）

圖 8-4 採購結算對帳實施流程

8.2 採購結算管理流程

採購結算票據校驗流程如圖 8-5 所示：

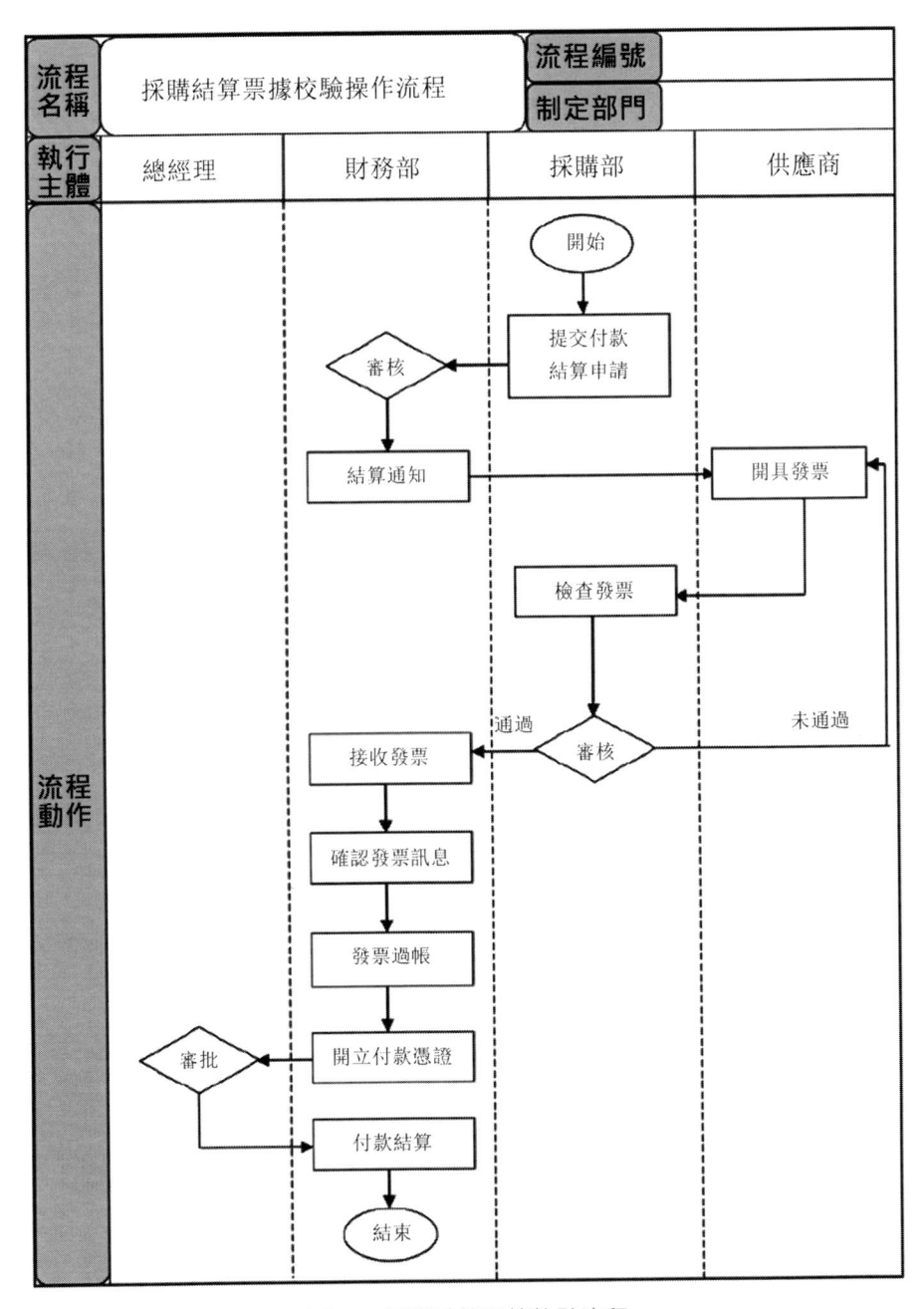

流程名稱	採購結算票據校驗操作流程	流程編號	
		制定部門	
執行主體	總經理	財務部	採購部	供應商

```
採購部：開始 → 提交付款結算申請
財務部：審核 ← 
財務部：結算通知 → 供應商：開具發票
採購部：檢查發票
採購部：審核 （通過 → 財務部：接收發票；未通過 → 供應商：開具發票）
財務部：確認發票訊息 → 發票過帳 → 開立付款憑證
總經理：審批
財務部：付款結算 → 結束
```

圖 8-5 採購結算票據校驗流程

8.3 採購結算管理標準

為順利地達成上述業務績效標準，採購部經理應在人力資源部的協助下，擬定採購結算管理業務的工作標準，具體內容如表 8-2 所示。

表 8-2 採購結算管理業務工作標準

工作事項	工作依據與規範	工作成果或目標
採購記帳與對帳管理	◆ 採購對帳管理制度	(1) 及時對供應商提供的發票進行校驗 (2) 對帳內容全面、對帳過程規範 (3) 採購帳簿編制及時，書寫工整、格式規範
採購結算支付管理	◆ 採購結算審批規定 ◆ 採購結算支付制度 ◆ 應付帳款管理方案	(1) 應付帳款單填寫準確率達到100% (2) 結算付款實施過程規範、無誤，票據齊全 (3) 付款申請審核結果準確、審批過程規範 (4) 及時通知供應商結款 (5) 選取適宜的採購結算方式，控制採購成本的同時，確保結算金額正確 (6) 加強對付款的審核追查，確保已付款的物資已到企業倉庫或在企業掌握中

在執行採購結算事項時，採購部應在人力資源部的協助下，制定相關評估標準和評估指標，以便引導結算手續辦理人員高效能地執行結算工作。具體內容如表 8-3 所示。

表 8-3 採購結算管理業務績效標準

工作事項	評估指標	評估標準
採購記帳與對帳管理	對帳異常率	1. 對帳異常率＝$\dfrac{對帳異常情況出現次數}{對帳總次數}\times 100\%$ 2. 對帳異常率應低於＿＿％，每提高＿＿％，扣除責任人＿＿分，對帳異常率高於＿＿％，本項不得分
	供應商對帳及時率	1. 供應商對帳及時率＝ $\dfrac{在規定時間內完成的對帳工作}{應完成的對帳工作總量}\times 100\%$ 2. 供應商對帳及時率應達到＿＿％，每降低＿＿％，扣除責任人＿＿分，及時率低於＿＿％，本項不得分
採購結算支付管理	付款申請填寫及時率	1. 付款申請填寫及時率＝ $\dfrac{在歸定時間內填寫的付款申請量}{應填寫的付款申請總量}\times 100\%$ 2. 付款申請填寫及時率應達到＿＿％，每降低＿＿％，扣除責任人＿＿分，及時率低於＿＿％，本項不得分
	採購結算審核規範性	採購部應協同財務部對搜集的結算票據、發票、結算付款手續進行審核，每少審核一項，扣＿＿分，少審核2～3項，本項不得分
	重複結款所佔比重	1. 重複結款所佔比重＝$\dfrac{重複結款次數}{結款總次數}\times 100\%$ 2. 重複結款所佔比重控制為0，如發生重複結款事項，責任人當期考核即得0分

8.4 採購結算管理制度

採購部制定採購結算管理制度有助於解決在採購記帳與對帳方面、採購結算支付方面存在的以下問題，具體內容如圖 8-6 所示。

第 8 章 採購結算管理業務‧流程‧標準‧制度

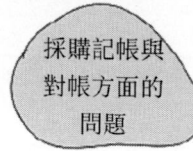

採購記帳與對帳方面的問題
- 與供應商對帳不及時
- 採購業務記帳不及時、不完整
- 供應商對帳單與財務記帳數不符

採購結算支付管理方面的問題
- 採購結算審核程序不完整
- 付款金額不正確
- 付款方式選擇不合理

圖 8-6 採購結算管理制度解決問題導圖

預付款結算管理制度如表 8-4 所示：

表 8-4 預付款結算管理制度

制度名稱	預付款結算管理制度	編　　號	
執行部門		監督部門		編修部門	

第1條　目的。

為規範公司採購帳款預付工作，減少採購風險，避免供應商對公司資金的佔壓，特制定本制度。

第2條　適用範圍。

本制度適用於預付款的申請、審批、執行等工作。

第3條　權責劃分。

1. 採購部負責與供應商協商付款方式，提出預付款申請，建立預付款台帳。

2. 採購部負責審核採購部提交的預付款申請，向供應商支付預付款，並做好預付款的定期檢查工作。

第4條　術語解釋。

預付款是指公司按照採購合約的規定，向供應商預先支付部分款項，以保證採購物資的正常供應。

表8-4(續)

第5條 適用情況。

除以下兩種情況外，本公司不得以採購預付款的結算方式實施採購活動。

1. 採購合約中明確規定以「先款後貨」的方式結算時。

2. 為向供應商爭取獲得更高的折扣優惠，在公司資金充裕的情況下，採購部可於申請審批後採取預付款的結算方式。

第6條 預付款審批。

1. 採購部與供應商經協商確定採購付款方式為預付採購款後，經採購部經理審核、總經理審批通過後簽訂採購合約。

2. 採購合約簽訂後，採購部下達採購訂單，並根據採購訂單的預算情況計算預付款額，填寫「預付款申請書」，上報採購部經理、財務部經理審核、總經理審批。

第7條 付款。

1. 預付款申請審批通過後，財務部將預付的貨款匯入供應商帳戶，保存匯款或付款憑證，通知供應商查收預付的款項並索取發票。

2. 採購物資品質驗收後，採購部根據合約規定，要求供應商開具票據，經財務部校驗票據無誤後，填寫餘款的「應付款清單」，上報採購部經理、財務部經理審核、總經理審批。

3. 「應付款清單」經審批通過後，財務部按照相應程序補充付款，保存付款憑證，採購部通知供應商查收貨款並索取發票。

第8條 會計記錄存檔。

1. 財務部對發票校驗後，進行會計記錄、做帳。

2. 財務部做好相關單據的存檔保管工作。

第9條 建立預付款台賬。

採購部應根據以下三項要求，建立預付款台帳：

1. 預付款台帳應按照採購物資、供應商名稱進行分類登記。

2. 當供應商有預付款尾款未清時，採購部應按照貨款支出的先後順序填列支付金額、餘額及付款日期等內容。

3. 採購預付款台帳中登記的數據應與財務部的相關數據保存一致，不得扣除已到貨但未入庫的物資款項。

表8-4（續）

第10條　預付款檢查管理。
財務部應定期對預付款帳戶的以下內容進行核對、檢查，追查在預付款操作過程中出現的疑點。 　　1. 核對付款業務是否有對應的採購合約，審查採購合約上規定的預付款額度是否與預付款實際額度相符。 　　2. 查閱預付款總額和明細帳，查看餘額是否相符、正確，必要時可查閱原始憑證和記帳憑證。 　　3. 審查預付款業務是否存在虛假行為。 　　4. 審查採購物資的入庫記錄，查看是否有重複付款的現象。 　　5. 審查預付款明細帳的帳齡長短及相關的原始憑證、記帳憑證。 　第11條　本制度報經總經理審批通過後，自頒布之日起實施。

編制日期		審核日期		批准日期	
修改標記		修改處數		修改日期	

分期付款結算管理制度如表 8-5 所示：

表 8-5 分期付款結算管理制度

制度名稱	分期付款結算管理制度		編　　號	
執行部門		監督部門	編修部門	

第1條　目的。

為降低採購風險，使公司資金能夠合理運用，特制定本制度。

第2條　適用範圍。

本制度適用於提交分期付款申請、支付首付款、按約定分期付款等工作。

第3條　權責劃分。

1. 採購部負責提交付款申請，並按照採購合約約定向供應商結款。
2. 財務部負責審批採購部提交的付款申請，支付首付款。

第4條　術語解釋。

表8-5（續）

　　　　分期付款是指採購部在採購物資投產前，向供應商交付首付款，在物資生產的不同階段分期支付剩餘貨款，在交貨或供應商承擔的品質保證期滿時付清最後一筆貨款的支付方式。

　　第5條　提交分期付款申請。

　　　　採購部向財務部提交「採購資金支付申請」，在申請中詳細列明採購物資名稱、發票號碼、採購計劃文書和序號等，並隨附採購合約。

　　第6條　支付首付款。

　　1. 財務部對支付申請進行審核，審核通過後送交總經理審批，審批通過後，財務部支付首付款。

　　2. 採購部追蹤財務部付款情況，財務部辦理首付款支付相關手續後，及時通知採購部，方便採購部及時與供應商進行溝通，查詢貨款到帳情況。

　　第7條　按約定分期付款。

　　1. 供應商到貨後，採購部組織品管部、倉儲部對採購物資進行驗收，經驗收合格，採購部向財務部提交「採購資金分期付款申請」，並隨附採購物資驗收單。

　　2. 經財務部審批通過後，採購部申領應付帳款，及時向供應商結帳。

　　第8條　尾款支付。

　　1. 財務部、採購部可根據採購合約中的約定，在供應商物資驗收合格後或供應商承擔的品質保證期滿時支付尾款。

　　2. 如供應商物資驗收不合格或在供應商承擔的品質保證期內，物資出現品質問題，採購部、財務部應及時與供應商溝通，延遲尾款支付時間。

　　第9條　本制度由採購部負責制定，每年修訂一次，其解釋權歸採購部所有。

編制日期		審核日期		批准日期	
修改標記		修改處數		修改日期	

延期付款結算管理制度如表 8-6 所示：

表 8-6 延期付款結算管理制度

制度名稱	延期付款結算管理制度		編　　號	
執行部門		監督部門		編修部門

第1條　目的。

為做好延期付款結算工作，確保按照採購合約付款，避免因採購資金數額較大為公司帶來的負擔，特制定本制度。

第2條　適用範圍。

本制度適用於延期付款的申請、審批及貨款支付等工作。

第3條　權責劃分。

1. 採購部負責明確採購合約中關於延期支付的相關條款，提交付款申請。

2. 財務部負責對交付申請進行審核，選用適宜的方式支付貨款。

第4條　術語解釋。

延期付款是指公司在進行大宗交易時，因成交金額較大，一時難以付清全部貨款，在交貨後的較長一段時間內分期支付貨款的活動。

第5條　延期付款前準備。

1. 採購部應在採購合約簽訂前，透過談判，向供應商爭取較為優厚的現金折扣條件，大宗物資採購的現金折扣條件不得低於3/10、2/20、n/30。

2. 採購部在簽訂採購合約時，應權衡各方面因素，避免為公司帶來損失。

3. 在物資驗收合格後，採購部支付＿＿％～＿＿％的貨款，剩餘貨款在＿＿月內付清。

4. 如需放棄現金折扣，財務部應先計算放棄現金折扣的成本，確保放棄折扣的成本不低於享受折扣的收益，經財務部總監、總經理審批通過後執行。

第6條　延期付款實施程序。

表8-6(續)

> 延期付款的具體實施程序，視國際採購或國內採購、採購方式、採購物資、結算工具等的不同而不同。一般來說，實施時可遵循下列程序來執行：
>
> 1. 採購部與供應商在採購合約中規定，採購合約簽訂後的一定時間內，採購部憑供應商提供的出口許可證影印本、銀行提供的退款保證書或備用信用狀支付部分貨款。
>
> 2. 按照採購物資的交貨進度，財務部分期支付少部分貨款。貨款的支付方式可選用遠期匯票或本票。
>
> 3. 剩餘大部分貨款，根據現金折扣條件中規定的期限進行支付，貨款的支付方式可選用信用狀支付。
>
> 第7條　債務結算業務控制。
>
> 採購部在進行延期付款時，應對由此形成的債務結算業務加強控制。
>
> 1. 發票等憑證經總經理審批後，財務部方可進行應付帳款入帳。
>
> 2. 財務部定期與供應商核對帳目，以便及時發現問題，及時查明原因，明確責任主體，保證雙方帳目相符。
>
> 第8條　如本公司現有制度與本制度衝突，應以本制度為準。

編制日期		審核日期		批准日期	
修改標記		修改處數		修改日期	

委託付款結算管理制度如表8-7所示：

表8-7 委託付款結算管理制度

制度名稱	委託付款結算管理制度	編　號	
執行部門		監督部門		編修部門	

> 第1條　目的。
> 為規範委託付款結算流程，最大程度上保證公司的利益，特制定本制度。
> 第2條　適用範圍。
> 本制度適用於公司開立用於支付貨款的銀行帳戶、委託付款結算的審批

表8-7(續)

及支付等工作。

　　第3條　權責劃分。

1.財務部負責開立銀行帳戶、審批結算票據及與銀行辦理委託款等事宜。

2.採購部負責匯總、填報結算票據、督促供應商及時收款。

　　第4條　術語解釋。

　　委託付款結算是指採購方委託銀行向收款人支付款項，收款人向銀行提供收款依據的結算方式，該結算方式具有以下特點：

1.委託付款的適用範圍較廣，付款人或單位在金融機構開立帳戶後即可使用。

2.委託付款不受金額起點的限制。

3.委託付款不受地點的限制，同縣市付款或異地付款均可。

　　第5條　委託付款結算工具。

　　委託付款結算工具主要包括「三票一卡」：匯票、本票、支票、金融卡。

　　第6條　委託付款結算辦理的流程及基本要求。

1.財務部根據相關規定開立帳戶。

2.採購物資驗收入庫後，採購部工作人員填報、匯總相關結算單據，包括付款申請單、採購訂單、採購合約、物資驗收單、貨運單據、過磅單、物資入庫單等，上報採購經理審核、總經理審批

3.採購部、總經理應審核票據憑證、結算憑證上的印章及其他記載事項是否真實、有效。

4.審批通過後，財務部委託銀行向供應商支付貨款。

　　第7條　票據憑證和結算憑證中可更改及不可更改的項目。

1.出票金額、出票日期、收款人名稱一經更改.則票據無效，銀行不予受理。

2. 票據出票人簽章不符合規定、票據金額大小寫不一致的，銀行不予受理。

3.票據憑證和結算憑證中「原記載人」項可以更改，更改時應當由原記載人在更改處簽章證明。

　　第8條　票據憑證和結算憑證中的簽章規定。

1.票據憑證和結算憑證上的簽章為簽名、印章或簽名加蓋印章。

2.公司、銀行在票據上的簽章為公司印章、銀行印章、公司法定代表

表9-7（續）

人或其授權代理人的蓋章。 第9條　本制度由採購部負責制定與解釋工作，經總經理審批通過後實施。					
編制日期		審核日期		批准日期	
修改標記		修改處數		修改日期	

現金結算管理方案如表8-8所示：

表8-8 現金結算管理方案

制度名稱	現金結算管理辦法		編　號	
執行部門		監督部門		編修部門	
第1條　目的。 為降低採購成本，規範公司貨幣資金支付行為，結合本公司實際情況，特制定本制度。 第2條　適用範圍。 本制度適用於現金結算的借款申請、現場採購、貨款支付等。採購部如遇以下情形，可採用現金結算的方式： 　1. 採購少量低單價易耗辦公用品時. 　2. 採購訂單總金額低於＿＿＿元時。 第3條　職責分工。 　1. 採購部負責提出借款申請，進行現場採購，保存相關採購單據。 　2. 財務部審批借款申請，向採購部撥付借款，並做好報銷及會計記帳工作。 第4條　術語解釋。 現金結算是指公司在採購物資時直接使用現金進行付款結算的行為。 第5條　申請借款。 　1. 採購部根據採購預算填寫借款單，並將借款單、預算清單上報採購					

表 8-8(續)

經理審核。

2. 採購經理將審核通過的借款單送呈財務部審核，財務部根據年度採購計畫、年度採購預算進行審核，審核通過後上報總經理審批。

3. 總經理審批通過後，財務部向採購部撥付借款。

第6條　現場採購。

1. 採購部領取借款後，根據與供應商事先約定的採購地點進行現場採購。

2. 採購部達到採購現場後，根據公司採購要求對要購買的物資進行比較，與供應商進行議價，最終達成交易。

第7條　支付貨款。

1. 供應商負責備貨，採購部與供應商準確結算貨款，在現場支付現金。

2. 供應商收款後，開具發票，採購部保存好發票，準備報銷事宜。

第8條　報銷及會計記帳。

1. 採購部完成採購工作後，整理相關單據，詳細列明費用清單，填寫報銷單，交由採購經理審核。

2. 採購經理審核通過後，交由財務部進行核算，簽署意見後上報總經理審批。

3. 財務部做好會計記錄、記帳工作。

第9條　本制度報總經理、採購總監審核通過後，自__年__月__日起生效。

編制日期		審核日期		批准日期	
修改標記		修改處數		修改日期	

第 9 章 採購訊息管理業務·流程·標準·制度

9.1 採購訊息管理業務模型

　　採購訊息管理的總體目標在於透過加強採購訊息收集、分析和發佈管理，保證採購訊息在整個採購過程中能夠順利傳遞，使企業能及時、準確地獲得相應的採購訊息，為企業採購決策提供必要的訊息支持。採購訊息管理業務心智圖如圖 9-1 所示。

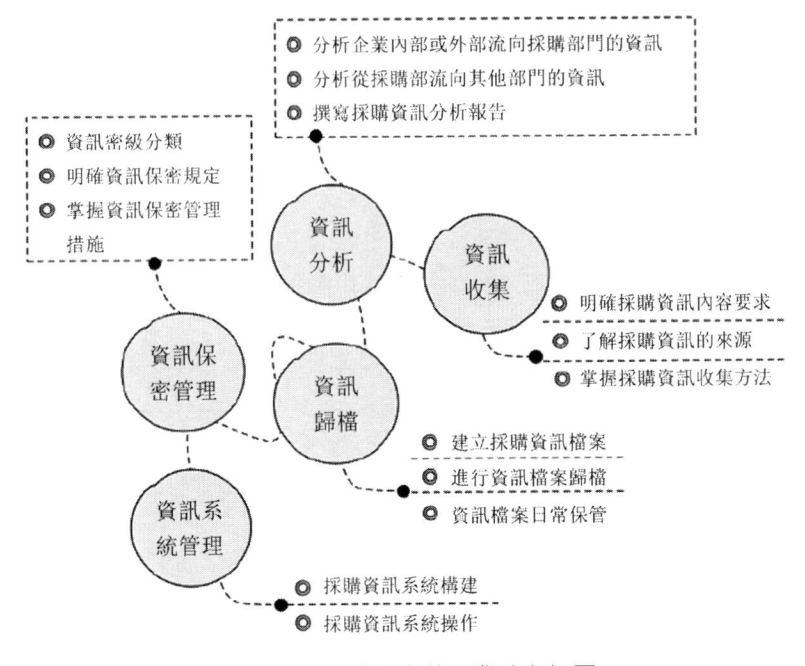

圖 9-1 採購訊息管理業務心智圖

　　企業採購訊息的日常管理工作主要由採購部負責，訊息管理部應協助採購部做好採購訊息系統的構建、維護及利用該系統進行相應的訊息分析報表的出具工作。企業對採購訊息管理工作職責進行描述，可使相關責任人員明

確採購訊息管理工作的內容與要求，以便其按要求完成工作。企業採購訊息管理主要工作職責的說明如表 9-1 所示。

表 9-1 採購訊息管理主要工作職責說明表

工作職責	職責具體說明
採購資訊收集	1. 根據企業採購性質及採購工作安排，編制採購資訊收集方案，並將其報上級部門審批 2. 透過運用網路、媒體、實地調查等方法對供應商資訊、物資價格資訊、物資資訊、採購市場行情資訊、替代品資訊、法律法規資訊等資訊進行收集 3. 對收集好的資訊進行逐份檢查，核對收集資訊的品質 4. 將所有收集來的資料加以編輯、匯總分類並錄入相應的模板
採購資訊分析	1. 採用定性或定量的方法，審核收集資訊的有效性，刪除無效資訊 2. 對採購資訊就物資的性質、特點、發展趨勢等進行預測 3. 對從企業內外部流入採購部門的計劃、銷售預測、庫存控制、供應源等資訊進行系統整理與分析研究 4. 根據對企業採購資訊的分析，編寫採購資訊分析報告，將其以書面形式匯報上級主管
採購資訊歸檔	1. 採購資訊應用完畢後，進行採購資訊分類與整理 2. 建立採購資訊管理檔案，並按檔案管理規定將分類整理的採購資訊編號歸檔 3. 對採購資訊進行日常保管與維護，確保其完整、齊全
採購資訊保密管理	1. 根據公司保密管理制度及採購文件的重要性，訂定採購文件密級 2. 根據採購文件的密級，將採購文件分類保存，並進行日常管理 3. 制定採購資訊保密管理措施，並嚴格執行

表9-1(續)

採購資訊系統管理	1. 資訊管理部應協助採購部選擇採購資訊系統構建合作商，並進行構建協商，共同確定採購資訊系統要素，並督促合作商按時做好系統設計開發工作 2. 資訊管理部應協助採購部按時對採購資訊系統進行驗收、安裝與調試 3. 資訊技術人員應對採購部進行採購資訊系統使用方法培訓 4. 資訊技術人員應定期對採購訊息系統進行更新與維護

9.2 採購訊息管理流程

企業可根據採購訊息管理業務心智圖及工作職責，用層次分析圖法，從以下五個方面設計採購訊息管理流程，具體流程設計導圖如圖 9-2 所示：

採購資訊管理流程設計導圖
- 採購資訊收集
  - 採購資訊調查流程
  - 採購資訊收集流程
- 採購資訊分析
  - 採購資訊分析流程
  - 採購資訊回饋流程
- 採購資訊歸檔
  - 採購資訊歸檔流程
- 採購資訊保密
  - 採購資訊傳遞保密流程
- 採購資訊系統管理
  - 採購資訊系統構建流程
  - 系統權限設定流程

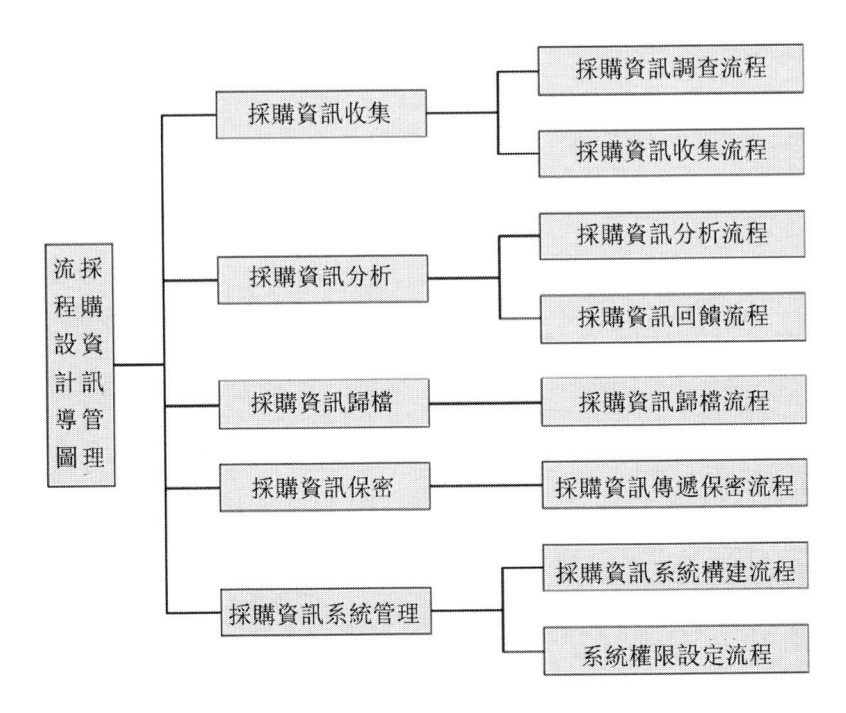

圖 9-2 採購訊息管理主要流程設計導圖

第 9 章 採購訊息管理業務・流程・標準・制度

採購訊息收集管理流程如圖 9-3 所示：

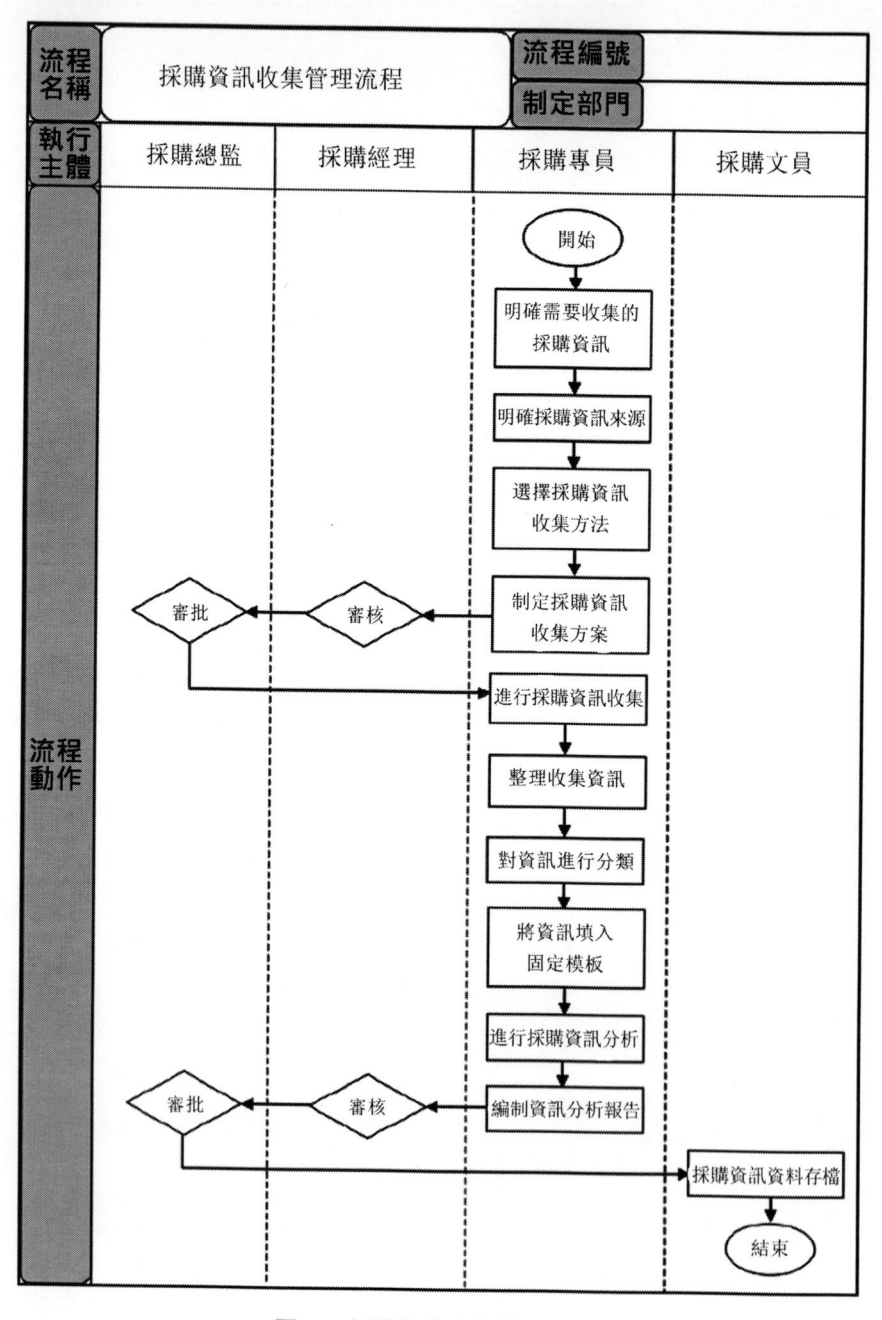

流程名稱	採購資訊收集管理流程		流程編號	
			制定部門	
執行主體	採購總監	採購經理	採購專員	採購文員
流程動作	審批	審核	開始 → 明確需要收集的採購資訊 → 明確採購資訊來源 → 選擇採購資訊收集方法 → 制定採購資訊收集方案 → 進行採購資訊收集 → 整理收集資訊 → 對資訊進行分類 → 將資訊填入固定模板 → 進行採購資訊分析 → 編製資訊分析報告	採購資訊資料存檔 → 結束
	審批	審核		

圖 9-3 採購訊息收集管理流程

9.2 採購訊息管理流程

採購訊息分析管理流程如圖 9-4 所示：

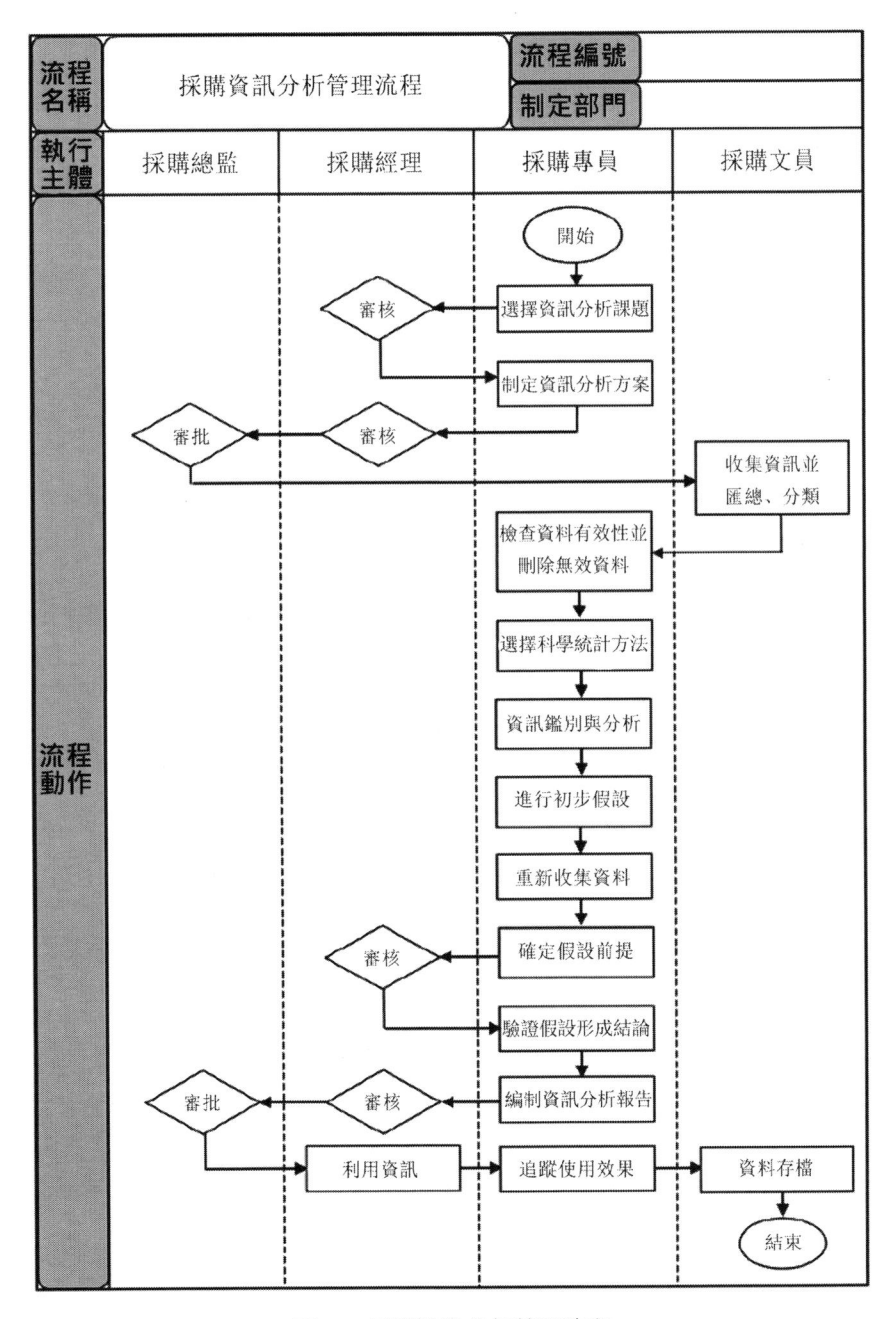

流程名稱	採購資訊分析管理流程		流程編號	
			制定部門	
執行主體	採購總監	採購經理	採購專員	採購文員
流程動作			開始 ↓ 選擇資訊分析課題 ← 審核 ↓ 制定資訊分析方案 審批 ← 審核 ↓ 檢查資料有效性並刪除無效資料 ← 收集資訊並匯總、分類 ↓ 選擇科學統計方法 ↓ 資訊鑑別與分析 ↓ 進行初步假設 ↓ 重新收集資料 ↓ 確定假設前提 → 審核 ↓ 驗證假設形成結論 審批 ← 審核 ← 編制資訊分析報告 ↓ 利用資訊 → 追蹤使用效果 → 資料存檔 ↓ 結束	

圖 9-4 採購訊息分析管理流程

第 9 章 採購訊息管理業務·流程·標準·制度

採購訊息檔案管理流程如圖 9-5 所示：

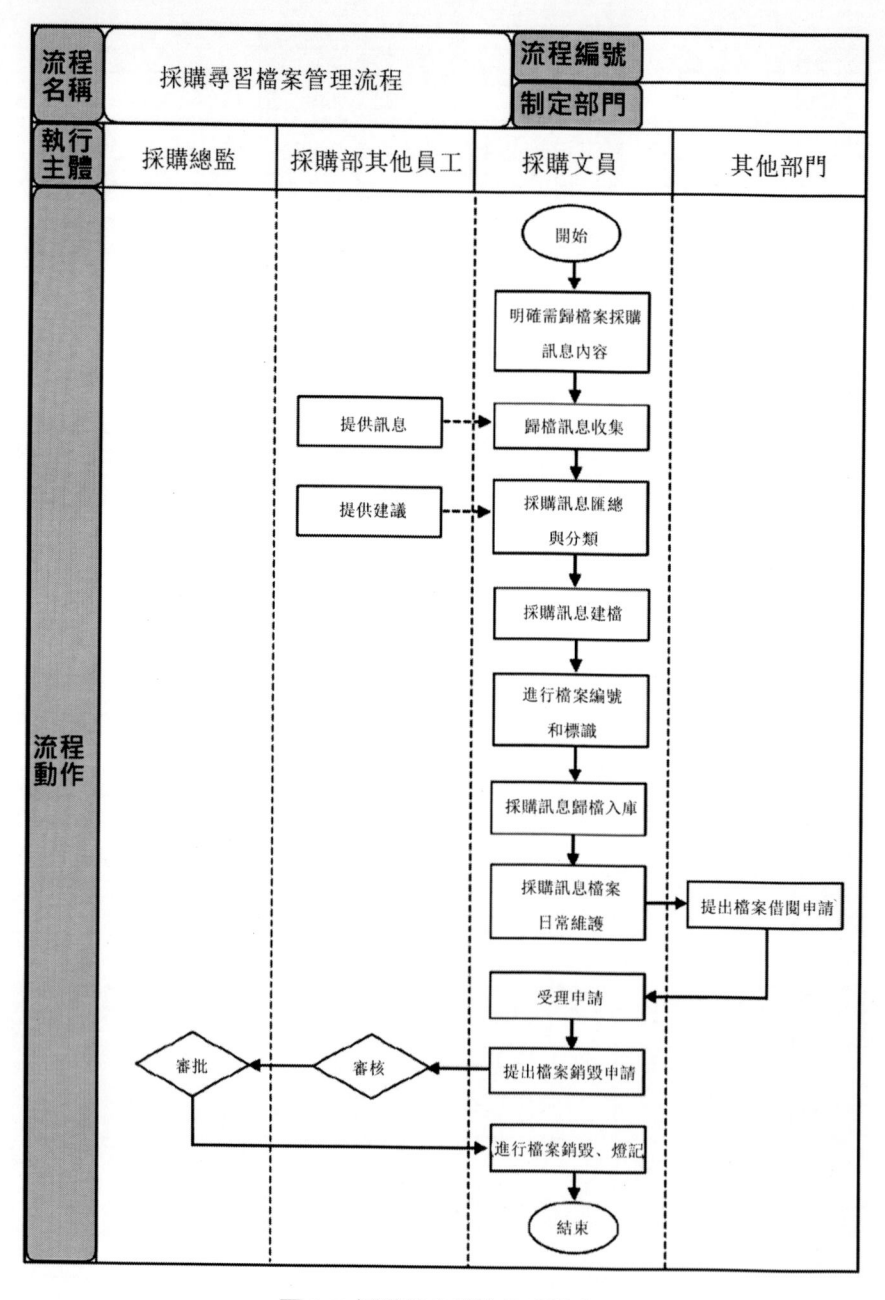

流程名稱	採購尋習檔案管理流程		流程編號	
			制定部門	
執行主體	採購總監	採購部其他員工	採購文員	其他部門

流程動作：

開始 → 明確需歸檔案採購訊息內容 → 歸檔訊息收集（← 提供訊息）→ 採購訊息匯總與分類（← 提供建議）→ 採購訊息建檔 → 進行檔案編號和標識 → 採購訊息歸檔入庫 → 採購訊息檔案日常維護 ← 提出檔案借閱申請 → 受理申請 → 提出檔案銷毀申請 → 審核 → 審批 → 進行檔案銷毀、登記 → 結束

圖 9-5 採購訊息檔案管理流程

9.2 採購訊息管理流程

採購訊息系統構建流程如圖 9-6 所示：

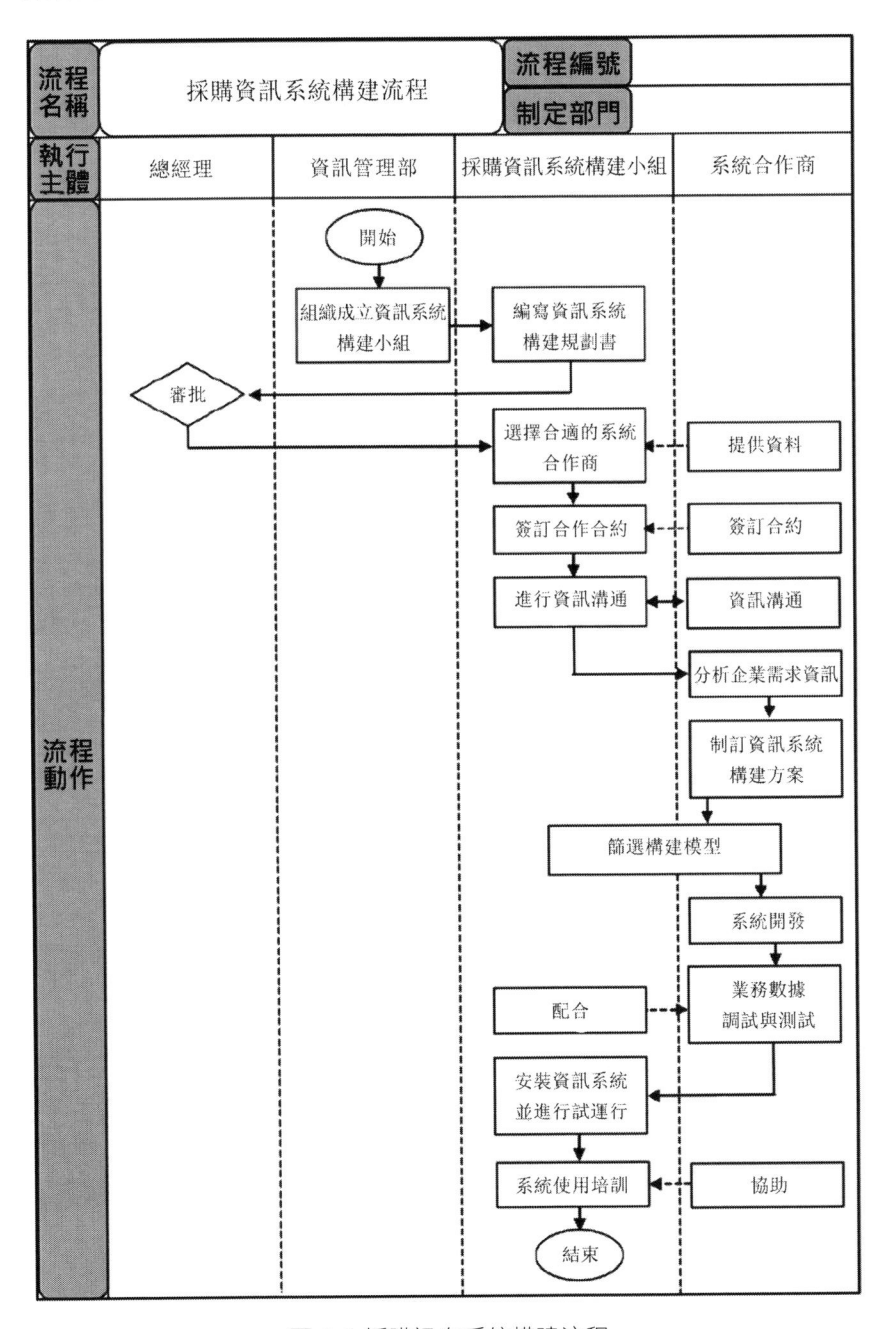

流程名稱	採購資訊系統構建流程	流程編號	
		制定部門	
執行主體	總經理	資訊管理部	採購資訊系統構建小組	系統合作商

流程動作：

- 開始
- 組織成立資訊系統構建小組
- 編寫資訊系統構建規劃書
- 審批
- 選擇合適的系統合作商 ← 提供資料
- 簽訂合作合約 ← 簽訂合約
- 進行資訊溝通 ← 資訊溝通
- 分析企業需求資訊
- 制訂資訊系統構建方案
- 篩選構建模型
- 系統開發
- 配合 ← 業務數據調試與測試
- 安裝資訊系統並進行試運行
- 系統使用培訓 ← 協助
- 結束

圖 9-6 採購訊息系統構建流程

9.3 採購訊息管理標準

為提高採購訊息管理的效率與規範性，企業應制定採購訊息管理工作標準。表 9-2 為企業採購訊息管理業務的具體工作標準，供讀者參考。

表 9-2 採購訊息管理業務工作標準

工作事項	工作依據與規範	工作成果或目標
採購資訊收集	◆ 採購資訊蒐集管理制度、採購資訊日常管理規定、採購資訊收集流程、採購資訊收集方案 ◆ 採購資訊的內容、採購資訊收集方法、採購資訊收集管道、採購資訊的來源	(1)採購資訊收集及時率達100% (2)採購資訊內容完整
採購資訊分析	◆ 採購資訊分析方案、採購資訊分析流程 ◆ 企業採購資訊流向、採購資訊分析報告編寫要求、採購資訊分析方法	採購資訊分析準確率、採購資訊分析報告編制及時率均達100%
採購資訊歸檔	◆ 採購資訊歸檔保管制度、採購資訊檔案管理流程 ◆ 採購資訊分類、採購資訊保存要求等	採購資訊歸檔及時率、採購資訊歸檔完好率均達100%
採購資訊保密管理	◆ 採購資訊保密管理規定、採購資訊傳遞保密流程 ◆ 採購資訊密級分類、採購資訊保密管理措施	採購資訊洩密事件發生次數為0次
採購資訊系統管理	◆ 採購資訊系統管理制度、採購資訊系統操作方案、採購資訊系統構建流程 ◆ 採購資訊系統權限設定表	採購資訊系統操作損失金額為0元

為保證採購訊息管理工作質量，提高採購訊息管理效率，保證採購文件及時收集、分析、歸檔、保存等，企業應制定採購訊息管理業務績效標準，使相關人員明確採購訊息管理的考核標準與方案。採購訊息管理業務績效標準如表 9-3 所示。

表 9-3 採購訊息管理業務績效標準

工作事項	評估指標	評估標準
採購資訊日常管理	採購資訊收集及時率	1. 採購資訊收集及時率 = $\frac{及時收集採購資訊次數}{應收集採購資訊次數} \times 100\%$ 2. 採購資訊收集及時率應達到__%，每降低__%，扣__分；低於__%，本項不得分
	採購資訊分析準確率	1. 採購資訊分析準確率 = $\frac{採購資訊分析準確次數}{採購資訊分析總次數} \times 100\%$ 2. 採購資訊分析準確率應達到__%，每降低__%，扣__分；低於__%，本項不得分
	採購資訊分析報告編制及時率	1. 分析報告編制及時率 = $\frac{及時編制採購資訊分析報告的次數}{應編制採購資訊分析報告的次數} \times 100\%$ 2. 採購資訊報告編制及時率應達到__%，每降低__%，扣__分；低於__%，本項不得分
	採購資訊記錄完整性	1. 採購資訊記錄內容完整，包括所有必備事項，得滿分 2. 採購資訊記錄內容部分完整，包括部分必備事項，得__~__分 3. 採購資訊記錄內容嚴重缺乏，得__~__分
採購資訊歸檔管理	採購資訊歸檔及時率	1. 採購資訊歸檔及時率 = $\frac{按時歸檔採購資訊次數}{歸檔總次數} \times 100\%$ 2. 採購資訊歸檔及時率應達到__%，每降低__%，扣__分；低於__%，本項不得分

表 9-3（續）

採購資訊檔案完好率	1. 採購資訊檔案完好率＝$\frac{採購資訊檔案完好數}{歸檔採購檔案的總數量}\times100\%$ 2. 採購資訊檔案完好率應達到＿＿％，每降低＿＿％，扣＿＿分；低於＿＿％，本項不得分	
採購資訊保密管理	採購資訊洩密次數	1. 考核期內，在採購工作中，違反採購保密規定，洩漏採購秘密的次數 2. 洩漏採購秘密次數為0次，得滿分；每增加1次，扣＿＿分；多於＿＿次，本項不得分
採購資訊系統管理	採購資訊系統操作損失金額	1. 考核期內因採購資訊系統誤操作並造成損失的金額 2. 採購資訊系統操作損失金額為0，得滿分；每增加＿＿元，扣＿＿分；多於＿＿元，本項不得分

9.4 採購訊息管理制度

企業編制採購訊息管理制度，可以在採購訊息日常管理、採購訊息歸檔保管、採購訊息保密管理、採購訊息系統管理四個方面解決採購訊息缺失、失真、洩露等問題，具體解決問題導圖如圖 9-7 所示。

制度解決問題導圖
採購資訊管理

- 採購資訊日常管理
  - ★ 採購資訊收集不及時，有效資訊缺乏
  - ★ 採購資訊分析不準確、不全面，未發揮應有作用
- 採購資訊歸檔保管
  - ★ 採購資訊未及時歸檔
  - ★ 採購資訊檔案出現缺失、受潮、損壞等情形
- 採購資訊保密管理
  - ★ 採購資訊出現被洩密情況，並影響了企業正常採購工作
  - ★ 採購資訊保密管理措施缺乏
- 採購資訊系統管理
  - ★ 採購資訊系統功能不夠健全與完善
  - ★ 採購資訊系統權限設定不合理
  - ★ 採購資訊系統操作失誤等

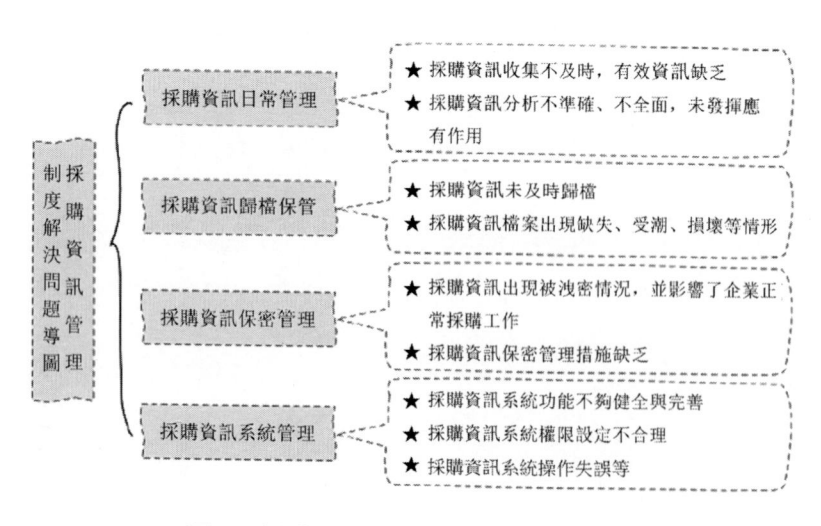

圖 9-7 採購訊息管理制度解決問題導圖

9.4 採購訊息管理制度

採購訊息日常管理規定如表 9-4 所示：

表 9-4 採購訊息日常管理規定

制度名稱	採購資訊日常管理規定		編　　號	
執行部門		監督部門	編修部門	

第一章　總則

第1條　目的。

為規範採購資訊的日常管理，提高採購資訊管理品質，提高資訊收集工作效率，提高資訊分析的準確性，節約成本，根據公司的實際情況，特制定本規定。

第2條　適用範圍。

本規定適用於公司採購相關資訊的收集、整理、分析、記錄、保存管理。

第二章　採購資訊的收集

第3條　採購資訊的內容。

本公司需要收集的採購資訊主要分為七類，具體如下圖所示。

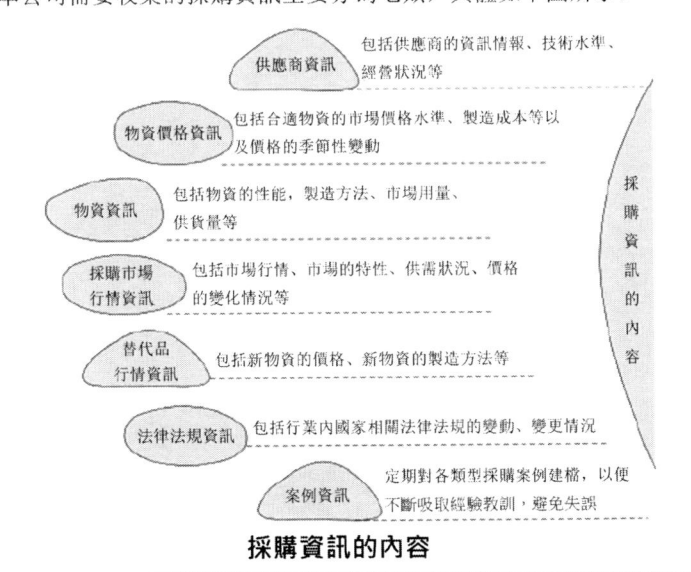

採購資訊的內容

- 供應商資訊：包括供應商的資訊情報、技術水準、經營狀況等
- 物資價格資訊：包括合適物資的市場價格水準、製造成本等以及價格的季節性變動
- 物資資訊：包括物資的性能、製造方法、市場用量、供貨量等
- 採購市場行情資訊：包括市場行情、市場的特性、供需狀況、價格的變化情況等
- 替代品行情資訊：包括新物資的價格、新物資的製造方法等
- 法律法規資訊：包括行業內國家相關法律法規的變動、變更情況
- 案例資訊：定期對各類型採購案例建檔，以便不斷吸取經驗教訓，避免失誤

213

表9-4(續)

第4條 採購資訊收集通路。

採購人員可以透過以下三種管道開展採購資訊收集工作，具體如下表所示：

採購資訊收集通路

收集管道	具體說明
網路收集採購資訊	◇ 透過直接訪問與本公司採購有密切聯繫的供應商網站、競爭對手網站、採購專業網站和各類電子商務網站進行
媒體收集通路	◇ 透過展銷會、博覽會、報刊、電視、廣播等收集採購資訊
透過調查收集資訊	◇ 具體可以透過網路或紙本問卷、電子郵件、電話訪問等商務調查的方法收集採購資訊

第5條 採購資訊收集準備。

1. 採購部經理明確採購資訊收集的目標、範圍。
2. 採購部經理明確採購資訊收集人員的責任、任務。
3. 採購專員制定採購資訊收集方案，報採購部經理審批，根據審批意見修改並執行。
4. 採購專員設計、編制符合資訊收集目標和範圍的調查問卷和表單。

第6條 實施資訊收集。

1. 採購專員按照分配的責任、任務進行資訊收集。
2. 採購部經理督導資訊收集的過程，控制資訊收集的進度和品質。
3. 採購專員在收集資訊的過程中，應注意對採購資訊的保密。
4. 採購專員應嚴格控制資訊收集的實施過程，在收集過程中，如發現方案設計有問題，要及時修正，以免得出錯誤的結論。

第三章 採購資訊的整理與分析

第7條 採購資訊整理。

1. 採購文員需對收集好的表單進行逐份檢查，將合格表單統一編號，以便於數據的統計。
2. 採購部經理對收集的表單進行抽樣檢查，核對收集資訊的品質。

9.4 採購訊息管理制度

表9-4(續)

3. 採購文員將所有收集來的資料加以編輯、匯總分類並錄入相應的範本。

第8條　採購資訊分類。

公司根據資訊來源和流向，將採購資訊分為三類，採購資訊管理人員需按照下表所示對收集到的採購資訊進行分類。

採購資訊分類說明表

資訊種類	信息細項	說明
公司內部流向採購部的資訊	計劃資訊	計畫可以讓採購部瞭解公司未來對物資、設備等的長期需求
	銷售預測資訊	良好的銷售預測有利於採購部在市場和公司之間找到最佳平衡點
	預算資訊	預算可幫助採購人員注意控制採購系統營運費用
	會計資訊	提供的有關供應商的財務資訊，為採購部選擇供應商提供幫助
	生產需求資訊	瞭解生產物資在一定週期內的需求項目和數量，可以為採購部提供規劃採購和供應計劃的依據
	新產品資訊	採購部應及時收集公司相關新產品的資訊，為採購工作提供指引
公司外部流向採購部的資訊	市場資訊	與採購相關的出版物，供應商提供的有關價格、供求因素等資訊
	供應源資訊	包括從供應商、媒體廣告等通路獲得的資訊
	供應商產能資訊	包括供應商的生產能力、生產率及業內的勞動力狀況等
	產品稅費資訊	包括各類物資價格折扣、關稅、增值稅、銷售稅等各種稅費資訊
	運輸相關資訊	包括各類運輸方式及其費用以及這類資訊對採購價格的影響

表9-4（續）

採購部流向其他部門的資訊	流向高層的資訊	與採購有關的市場和行業狀況等資訊
	流向生產部的資訊	採購物資品質資訊、發運提前期資訊、替代品資訊等
	流向市場部的資訊	競爭對手的銷售資訊、競爭狀況資訊等
	流向倉儲部的資訊	採購物資到貨資訊、入庫驗收通知等
	流向財務部的資訊	成本、價格調整、預算等資訊

第9條 採購資訊分析。

1. 採購專員選擇科學的統計方法，對收集的資訊進行技術分析，審核資料的有效性，並剔除無效資訊，透過綜合分析、判斷、歸納、推理，獲收需要的資訊，為採購決策提供重要依據。

2. 採購專員根據分析得到的資料，用定性或定量的方法進行採購預測。

3. 採購專員編制採購資訊分析報告，並報採購部經理審批。

第四章 採購資訊的記錄與保存

第10條 採購資訊記錄。

採購部應對採購相關資料及採購過程進行記錄，確保公司能對採購過程實行有效的監督管理，具體記錄事項主要包括四項，如下所示：

1. 採購文件記錄包括採購計畫、採購預算、招投標文件、評估報告、合約文件及驗收證明等。

2. 採購過程記錄包括採購專案的類別、名稱，採購的功能要求、規格和數量、預算、資金構成、合約價格、採購合約簽訂人等資訊。

3. 採購方式的選擇依據及原因、邀請、審查和選擇供應商的條件及原因，評標標準及其選定中標人的原因，如果有廢標情況，記錄廢標的情況與原因，採用非招標採購應做專門記錄。

4. 需建立供應商資訊庫，資息庫應包括供應商分類、供應詢實力調查、供應商是否轉產破產、供應商的資訊記錄等資訊。

第11條 資訊保存。

9.4 採購訊息管理制度

表9-4(續)

採購部應建立資訊儲存和查詢系統，對資訊記錄進行有效的保存，並為公司查詢有關資訊提供條件。	

第五章　附則

第12條　本制度由採購部負責制定、解釋與修訂，經總經理開會審議通過後生效。

第13條　本制度自審核通過之日起執行。

編制日期		審核日期		批准日期	
修改標記		修改處數		修改日期	

採購訊息歸檔保管方案如表9-5所示：

表9-5 採購訊息歸檔保管方案

制度名稱	採購資訊歸檔保管辦法	編　　號	
執行部門		監督部門		編修部門	

第1條　目的。

為規範採購資訊歸檔管理，及時有效歸檔採購文件，確保採購資訊檔案完整、齊全，結合公司的實際情況，特制定本辦法。

第2條　適用範圍。

本辦法適用於公司採購資訊資料建檔、歸檔及日常保管工作。

第3條　職責分工。

1. 採購部經理負責採購資訊有效性的判定。
2. 採購文員負責採購資訊的分類、整理、歸檔和日常保管。

第4條　採購資訊分類。

採購文員應根據採購資訊的內容構成，對採購資訊進行分類。通常，採購資訊可以分成七類，分別為供應商資訊、物資價格資訊、物資資訊、採購

表9-5(續)

市場行情資訊、替代品行情資訊、法律法規資訊、案例資訊。

　　第5條　採購資訊整理。

　　1. 公司採購專員收集到採購資訊並對採購資訊進行應用後，應及時將採購資訊檔案交給採購文員。

　　2. 採購文員需對採購專員交來的採購資訊進行分類，並對其進行逐份檢查，將有效資訊進行編號，將認為無效的資訊交採購部經理，由採購部經理對採購資訊資料的有效性進行最終判定。

　　3. 採購文員應將有效的全部採購資料分類編號後分列成冊。

　　第6條　採購資訊歸檔。

　　1. 採購文員應將分列成冊的採購資料錄入公司採購資訊管理系統，保存採購資訊文件的電子稿。

　　2. 採購文員應將分列成冊的紙本採購文件裝訂，並將其存入檔案盒，檔案盒上應列明資訊類別。

　　3, 歸檔的文件資料應齊全完整，按照文件的自然形成規律保持文件之間的歷史聯繫。

　　4. 檔案盒內文件要排列有序，依次編寫頁碼，並編制卷內目錄，逐項填寫清楚，書寫工整。

　　第7條　採購資訊日常保管。

　　1. 採購資訊資料保存期限從歸檔之日起至少保存____年；未中標供應商的投標文件正本作為資料從採購歸檔之日起保存____年。

　　2, 採購文員應定期對檔案文件進行維護，做好檔案文件及文件櫃的防盜、防水漬、防潮、防蟲蛀、防塵等工作，確保檔案的完整與安全。

　　第8條　本方案由採購部負責制定、解釋與修改。

　　第9條　本方案報總經理會議審議通過後，自頒發之日起生效執行。

編制日期		審核日期		批准日期	
修改標記		修改處數		修改日期	

9.4 採購訊息管理制度

採購訊息保密管理規定如表 9-6 所示：

表 9-6 採購訊息保密管理規定

制度名稱	採購資訊保密管理規定		編　　號	
執行部門		監督部門	編修部門	

第一章　總則

第1條　目的。

為規範採購資訊保密管理，規範採購人員在採購活動中的行為，維護公司的商業利益，根據公司的實際情況，特制定本規定。

第2條　適用範圍。

本規範適用於公司採購相關資訊及採購人員的保密管理工作。

第二章　採購資訊保密規定

第3條　資訊密級保密規定。

公司的採購資訊根據保密程度和重要程度的不同可以分為絕密資訊、機密資訊、秘密資訊和內部公開資訊四類，具體閱知範圍如下表所示。

採購資訊密級分級一覽表

內容	定義	閱知範圍
絕密資訊	重要的公司核心商業秘密，如投標文件、評標文件、定標文件、合約協議資訊、採購資料、公司技術標準等資訊	◆ 只有涉密資訊部門或有專案主管書面許可方可根據工作需要進行內部加密傳遞，且傳遞範圍僅限於需求部門主管或專案負責人
機密資訊	重要的公司秘密，如項目採購計劃、採購專項業務會議紀要、採購工作計劃與總結、公司採購月報、招標文件、採購合約台帳、供應商資訊	◆ 各個部門因工作關係，經部門經理審批後，可在具有相關業務聯繫的經理層傳遞，不得發布給與業務無關的經理和普通員工，嚴禁複製，需要複製的，需經總經理審批
秘密資訊	公司一般商業秘密，如日常的部門內部討論、爭論結論、日常採購工作資訊等	◆ 由部門經理決定發布範圍，可以在具有相關業務聯繫的員工間傳遞

219

表9-6(續)

| 內部公開資訊 | 內部非保密資訊，如以公司名義發出有關合約採購和制度要求、通知通報、人事任免、採購人員名錄等資訊 | ◆ 此級別資訊可以在公司內部發布傳遞，但不得對外公布 |

第4條　資訊分類保密規定。

採購資訊保密主要包括招標資訊保密、合約資訊保密、供應商資訊保密，其具體保密規定如下：

1. 招標資訊保密。

(1) 在招標、評標、定標過程中，除招標採購相關人員外，其他人無權查看有關標書的任何資訊，所有與招標採購相關的人員不得私自向非授權人員透露投標資訊。

(2) 在招標採購過程中，所有與招標採購工作有關的人員不得私自向非授權人透漏有關招標採購的資訊，更不得引導投標單位如何中標。

(3) 定標過程中，所有與招標採購工作相關的人員不得向他人透露定標供應商等任何定標資訊。

2. 合約資訊保密。

(1) 合約資訊包括合約文件，特別是物資價格、運輸價格、技術標準要求、物資型號、物資規格、物資數量等資訊。

(2) 合約價格資訊除採購、成本人員及相關負責人外，其他人無權查看，如遇到特殊情況，需經總經理審批。

3. 供應商資訊保密。

(1) 供應商資訊包括供應商公司資訊、供應產品或提供服務、聯繫方式、合作情況等資訊。

(2) 凡是有權查閱合格和試用供應商資訊的人員，應嚴守資訊，確保不向外傳播；非授權人如需查閱合格或試用供應商資訊，需報總經理審批。

第三章　採購資訊保密措施

第5條　涉密員工管理措施。

9.4 採購訊息管理制度

表9-6(續)

1. 採購人員在與公司建立勞動關係時,由公司人力資源部代表公司與其簽訂保密協定,保障公司商業秘密的安全和利益。

2. 採購人員在日常工作中,除了認真履行職位職責,服從本部門主管的領導外,要嚴格按相關保密要求做好公司秘密的守密和保護工作,並接受相關保密管理部門的工作指導和監督檢查。

3. 採購部應定期對與本部門管理職能相關的涉密人員的職位工作進行保密檢查,及時總結和推廣涉密員工在保密管理中好的做法和經驗。

第6條 來訪接待管理措施。

1. 對於公司供應商的來訪接待,由採購部負責向總經理備案,並按統一的公司介紹資料和公司產品樣本向來訪者介紹。

2. 公司介紹及用於接待的影音資料,應定期完善、修改,並報經公司保密管理部門審核批准後方可用於接待。未經許可,接待中不得涉及公司秘密事項的內容。

3. 採購部接受接待任務後,應事先制訂接待計畫、確定參觀路線,報公司總經理或保密管理部門批准。未經總經理批准,不得擅自帶領來訪的供應商參觀重要部門和重點部位。

第7條 違規責任追究措施。

1. 對於重要採購資料沒有備份、備份不全或備份錯誤的,根據給公司造成的損失追究相應的責任。

2. 採購人員違反本制度規定的.對相關責任人員予以警告或罰款,行政記過、記大過,乃至開除等處分,罰款金額依情節嚴重程度而定。

3. 竊取公司商業秘密範圍的資料資訊或惡意偽造篡改資料的,一經發現立即予以辭退,取消其股權、期權、獎金、紅利。

4. 除了按勞動合約規定和敬業禁止約定處罰外,對於構成犯罪的,報司法機關追究責任。

第四章 附則

第8條 公司員工均應理解並遵守本制度的相關規定,主動避免獲知非授權資訊。

表9-6(續)

第9條 本制度由採購部制定，報總經理審批後執行，自頒布之日起生效。						
編制日期		審核日期		批准日期	
修改標記		修改處數		修改日期	

採購訊息系統管理制度如表9-7所示：

表9-7 採購訊息系統管理制度

制度名稱	採購資訊系統管理制度		編　　號	
執行部門		監督部門	編修部門	

第一章　總則

第1條　目的。

為有效規範採購資訊管理，有效地組織、管理和控制採購資訊的傳輸，確保公司採購活動實現資訊化，特制定本制度。

第2條　適用範圍。

本制度適用於公司採購資訊系統的設計、構建、維護等相關管理工作。

第3條　職責分工。

1. 總經理負責審核採購資訊系統設計，監督採購資訊系統構建和實施。

2. 採購資訊管理人員負責尋找資訊系統服務提供商，與其溝通公司採購資訊系統需求，並配合其做好資訊系統的設計、安裝、維護等各項工作。

第二章　採購資訊系統可行性分析

第4條　經濟可行性分析。

1. 採購資訊系統的總費用應低於＿＿＿萬元，沒有超過公司的預算，經濟上可行。具體收費項目如下表所示。

表9-7(續)

經濟可行性分析表

費用名稱	費用明細	金額(元)
軟體開發成本	需求分析、總體設計、軟體測試、調查費、耗材費、文書處理費等	
設備及其他改造費用	伺服器____台、印表機____台等	
專案實施費	管理費、簽訂費、運行費等	
合計		

2. 採購資訊系統採用網路方式，投入較多，但此系統建成後，可以實現資源共享，即相關資訊均可以在網上進行交換，減少了許多相關人員的工資支出，從經濟上來說是可行的。

第5條　技術可行性分析。

該系統以現有的常用技術實現，員工都要具有一定的電腦基礎，會使用軟體，熟悉IT產品，所以在系統投入使用時，需對員工進行少量培訓，熟悉系統的功能和使用方法，保證系統能夠順利運行。

第6條　管理可行性分析。

採購資訊系統具有極強的安全性和可靠性，相關部門管理人員可以透過相關密碼設定對採購系統進行管理，在管理上是可行的。

第7條　編制可行性分析報告。

可行性分析後，採購資訊系統管理人員應編制採購資訊系統可行性分析報告，可行性分析報告應包括編寫目的、專案背景、術語定義、參考資料、問題描述、開發的必要性和重要性分析、期望的收益、新系統的基本功能、系統開發方式的選擇分析、其他可供選擇的方案等內容。

第三章　採購管理資訊系統的建設規劃

第8條　確定採購資訊系統的構成。

一般情況下，採購資訊系統由以下三個部分構成：

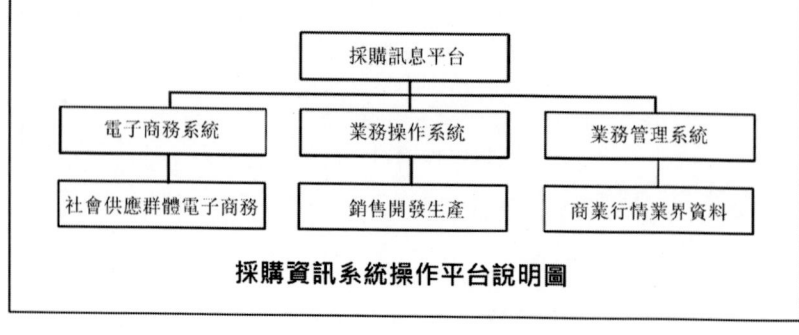

表9-7(續)

1. 業務作業系統。日常採購計畫、認證、訂單環節的核心業務資訊處理。

2. 業務管理系統。採購績效統計處理、商業資訊資料的收集及查詢、歷史經驗資料存放與共享。

3. 電子商務系統。與供應商或社會供應群體的資訊系統進行資訊交換和傳遞。

第9條　建立電子採購系統架構。

採購人員應協助技術人員設計整個採購資訊系統架構，採購作業系統一般應包括採購資料庫、管理庫、採購作業系統、決策支援系統及MRP（物料需求計畫）系統等模組。

第四章　採購資訊系統建立實施

第10條　確定系統基本技術。

1. 在建立採購資訊管理系統之前，採購人員需和技術人員進行交涉，及時確定資訊系統模組。

2. 一般情況下，電子化採購資訊系統需應用條碼技術、電子資料交換技術（EDI）以及電子自動訂貨系統（EOS）等。

第11條　設計採購資訊系統。

採購資訊系統建設時，應遵循系統規劃、主要功能模組設計、系統詳細設計、硬體評估、軟體評估的步驟。

第12條　建立系統具體操作平台。

一般情況下，應按照如下的架構設計資訊系統操作平台，具體如下圖所示。

```
                    採購訊息平台
         ┌──────────────┼──────────────┐
     電子商務系統      業務操作系統      業務管理系統
         │                │                │
   社會供應群體電子商務   銷售開發生產    商業行情業界資料
```

採購資訊系統操作平台說明圖

表9-7(續)

第五章 採購資訊系統改進

第13條 採購資訊系統主要問題分析。

由於工具和標準的不可靠、市場變動太大而不可測等原因,在使用採購資訊系統時要克服很多問題,具體問題如下表所示。

採購資訊系統可能存在的問題列示表

問題類型	具體問題
系統本身問題	系統與系統的整合,包括公司防火牆內外的系統
	初始投資成本
	安全、信用和供應商的購買者關係
	採購商務過程和企業文化的根本性改變
公司未來面臨的問題	未來幾年的公司核心競爭力和熱點
	在這一時期公司產品和服務將如何變化
	預測未來市場的可能成長、規模和地域
	在客戶支持、標準或品質預期方面出現的決定性變化
	與商品採購直接相關的問題,包括低效率、缺乏經營槓桿、零散購買和缺乏協調性
	公司與供應商關係的變動以及對採購管理資訊系統的影響
	工程計劃的制訂,包括時間、規模、資源和預算

第14條 改進採購資訊系統。

制定採購資訊系統改進方案的程序如下:

1. 回顧公司的策略導向、指導原則和目標。
2. 再次確認和開發行動方案。
3. 設定目標業績測度。
4. 考察、評價供應商。
5. 考察制定資源和關鍵區域。
6. 完成評估準備並制訂工作計劃。

第15條 改進方案內容。

實施改進方案應包括收集資訊證實改進方案、證明供應商支援和兼容性水準、商業過程再設計、完成行動和員工工作變更的涵義分析和實施改

表9-7(續)

進方案。

第六章　附則

第16條　本制度由採購部負責制定與解釋。

第17條　本制度經總經理審批後實施。

編制日期		審核日期		批准日期	
修改標記		修改處數		修改日期	

第 10 章 採購人員管理業務·流程·標準·制度

10.1 採購人員管理業務模型

　　採購人員主要負責企業物資的採購事宜，因其工作性質與供應方的利益密切相關，容易滋生不合理的現象或違規行為。為加強控制，規範採購人員的行為，避免不合理現象、違規行為對企業利益造成損失，企業管理人員需要在展開日常人員管理工作的基礎上，加強採購人員的選聘任命、道德行為規範、績效考核、採購作業稽核等業務。具體說明如圖 10-1 所示。

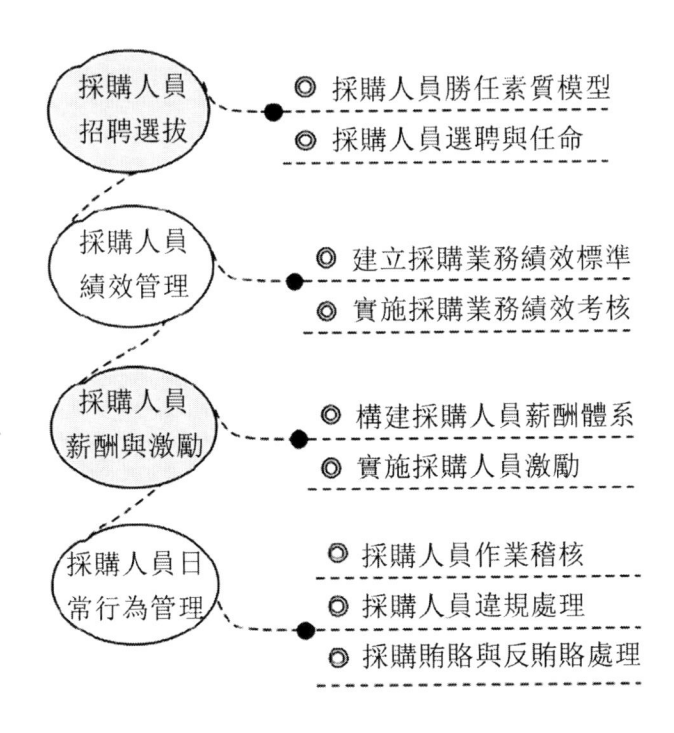

- 採購人員招聘選拔
  - ◎ 採購人員勝任素質模型
  - ◎ 採購人員選聘與任命
- 採購人員績效管理
  - ◎ 建立採購業務績效標準
  - ◎ 實施採購業務績效考核
- 採購人員薪酬與激勵
  - ◎ 構建採購人員薪酬體系
  - ◎ 實施採購人員激勵
- 採購人員日常行為管理
  - ◎ 採購人員作業稽核
  - ◎ 採購人員違規處理
  - ◎ 採購賄賂與反賄賂處理

圖 10-1 採購人員管理業務心智圖

第 10 章 採購人員管理業務·流程·標準·制度

除採購總監外，其他採購人員的管理工作主要由企業人力資源部負責，財務部、生產部、品管部負責人有責任配合人力資源部完成採購人員行為與採購作業規範的稽核。採購人員管理主要工作職責的說明如表 10-1 所示。

表 10-1 採購人員管理主要工作職責說明表

工作職責	職責具體說明
採購人員招聘選拔	1. 人力資源部負責採購人員的招聘公告、面試通知、接待與安排，以及採購人員的初試篩選工作 2. 採購總監參與採購人員的複試篩選與採購人員總合素質評價工作 3. 人力資源部負責錄用人員的入職安排、入職培訓與指引工作 4. 採購部經理負責部門採購人員的選拔推薦、晉升測評等員工職業生涯管理工作
採購人員績效管理	1. 在採購業務最高管理人員的協助與指導下，人力資源部負責採購人員績效標準的設計與完善工作 2. 人力資源部組織開展採購部全體人員的績效考核實施工作 3. 採購部經理、採購主管等負責對本部門其他員工的業務績效、工作態度、能力、素養等進行評價，採購部的被考核人員配合做好績效考核工作 4. 採購總監負責對採購部經理、採購主管等的業務績效、管理能力、工作態度等進行評價，被考核人員配合人力資源部完成相關的績效考核工作 5. 人力資源部負責採購人員績效考核結果的面試與申訴處理事宜
採購人員薪酬與激勵	1. 人力資源部負責完成同行業採購人員薪資水準調查工作，以便指導本企業採購人員薪酬體系設計工作 2. 人力資源部組織負責採購部所有人員的薪酬構成分析與薪酬體系設計工作 3. 人力資源部負責採購人員月度薪酬的核算等相關事宜 4. 人力資源部負責辦理採購人員的薪酬調整與薪酬滿意度調查等事宜 5. 人力資源部負責落實企業對採購人員的激勵措施

表10-1（續）

採購人員日常行為管理	1. 人力資源部負責制定採購人員日常行為規範，並負責規範的執行監督與檢查工作 2. 人力資源部聯合財務部做好採購人員的日常稽查工作，確保採購作業行為透明、公正、規範、無違規 3. 對於已出現或被舉報或可能存在的賄賂事件，人力資源部負責調查小組的組建工作，並協助調查小組的調查 4. 對於調查小組確認的違規違紀行為，人力資源部根據企業規章制度的相關規定，落實懲罰措施

10.2 採購人員管理流程

採購人員管理流程的設計工作，主要圍繞採購人員管理的關鍵事項進行設計。主要流程的導圖如圖 10-2 所示。

```
採購人員管理流程設計導圖
├─ 採購人員招聘遴拔
│   ├─ 採購人員招聘實施流程
│   └─ 採購人員素質測評流程
├─ 採購人員績效管理
│   ├─ 採購人員績效考核管理流程
│   ├─ 採購人員績效結果申訴流程
│   └─ 採購人員績效改進實施流程
├─ 採購人員薪酬與激勵
│   ├─ 採購人員薪酬調查實施流程
│   ├─ 採購人員薪酬體系設計流程
│   └─ 採購人員激勵管理流程
└─ 採購人員日常行為管理
    ├─ ……
    └─ ……
```

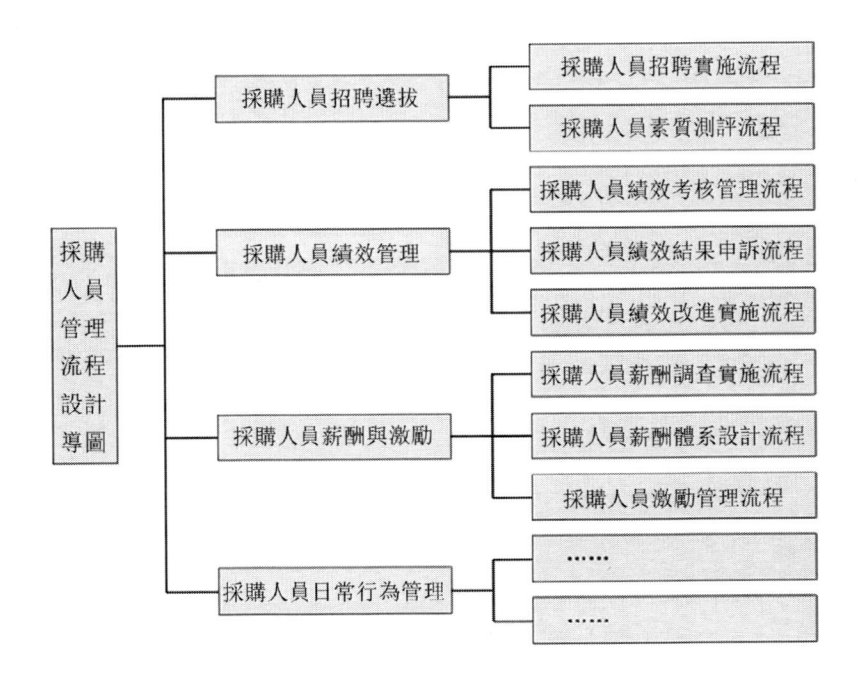

圖 10-2 採購人員管理主要流程設計導圖

第 10 章 採購人員管理業務·流程·標準·制度

採購作業稽核實施流程如圖 10-3 所示：

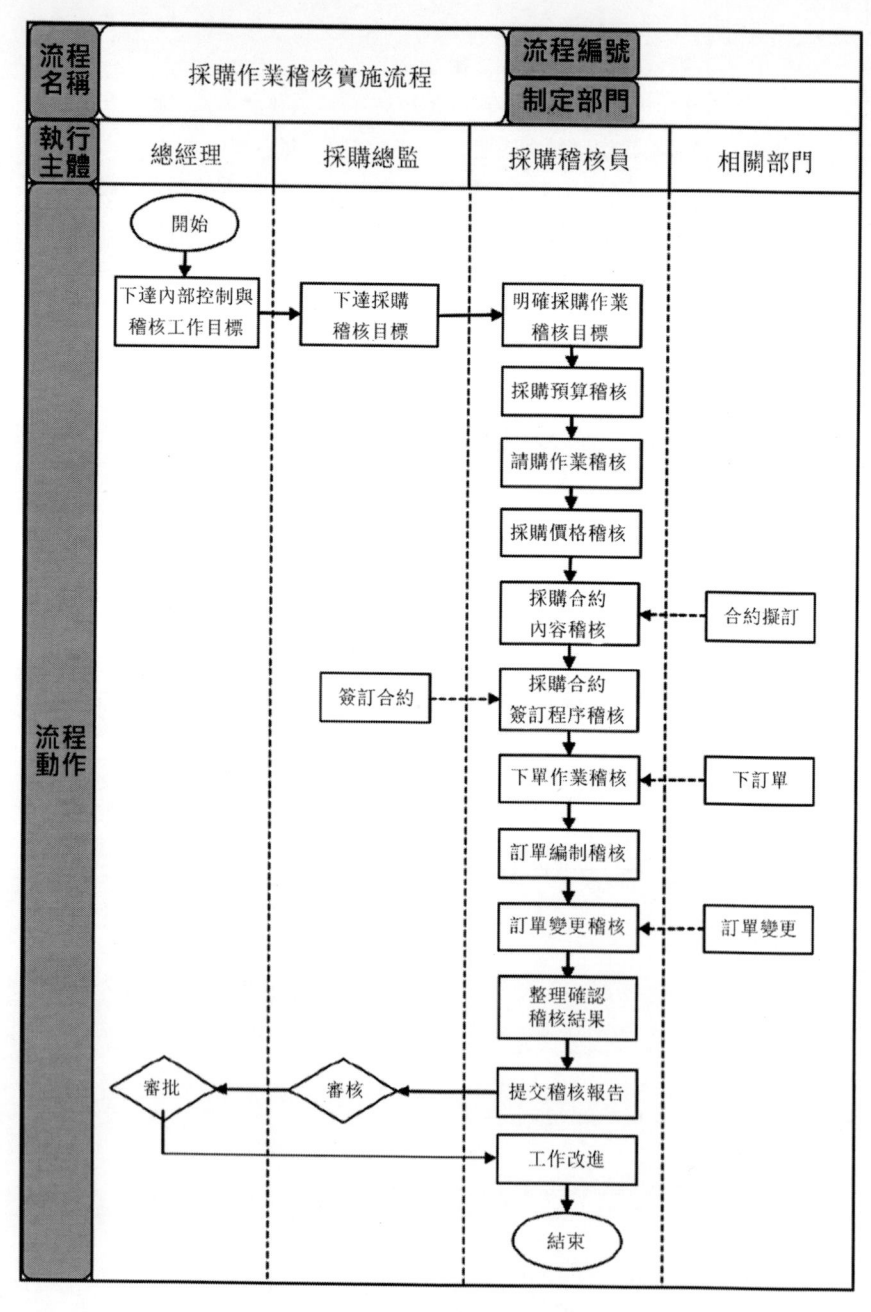

流程名稱	採購作業稽核實施流程		流程編號	
			制定部門	
執行主體	總經理	採購總監	採購稽核員	相關部門
流程動作				

流程動作：開始 → 下達內部控制與稽核工作目標（總經理）→ 下達採購稽核目標（採購總監）→ 明確採購作業稽核目標 → 採購預算稽核 → 請購作業稽核 → 採購價格稽核 → 採購合約內容稽核 ← 合約擬訂（相關部門）→ 簽訂合約（採購總監）→ 採購合約簽訂程序稽核 → 下單作業稽核 ← 下訂單（相關部門）→ 訂單編制稽核 → 訂單變更稽核 ← 訂單變更（相關部門）→ 整理確認稽核結果 → 提交稽核報告 → 審核（採購總監）→ 審批（總經理）→ 工作改進 → 結束

圖 10-3 採購作業稽核實施流程

10.2 採購人員管理流程

採購賄賂事件調查流程如圖 10-4 所示：

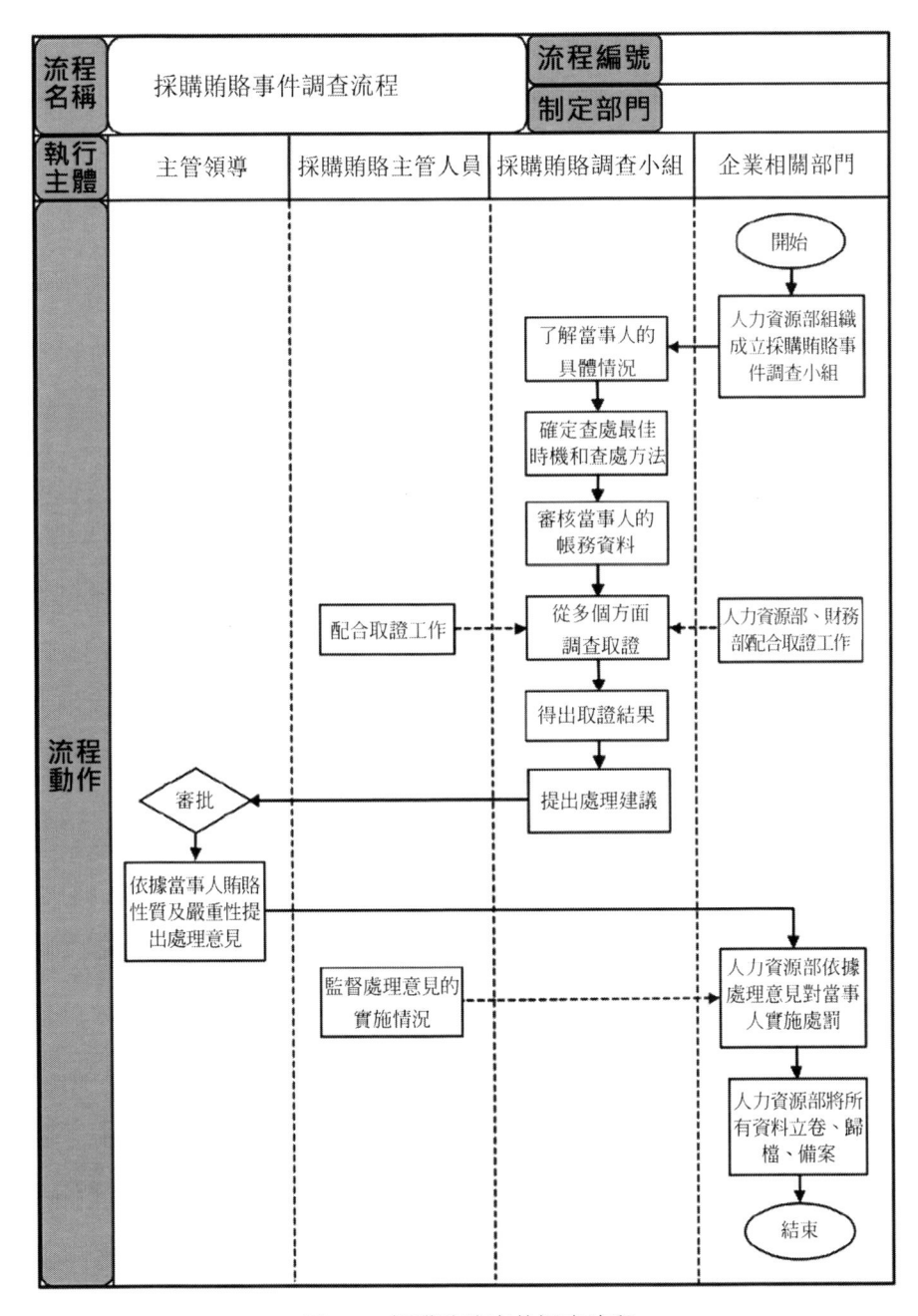

流程名稱	採購賄賂事件調查流程		流程編號	
			制定部門	
執行主體	主管領導	採購賄賂主管人員	採購賄賂調查小組	企業相關部門

流程動作：

- 開始
- 人力資源部組織成立採購賄賂事件調查小組
- 了解當事人的具體情況
- 確定查處最佳時機和查處方法
- 審核當事人的帳務資料
- 配合取證工作 ⇄ 從多個方面調查取證 ⇄ 人力資源部、財務部配合取證工作
- 得出取證結果
- 提出處理建議
- 審批
- 依據當事人賄賂性質及嚴重性提出處理意見
- 監督處理意見的實施情況
- 人力資源部依據處理意見對當事人實施處罰
- 人力資源部將所有資料立卷、歸檔、備案
- 結束

圖 10-4 採購賄賂事件調查流程

第 10 章 採購人員管理業務·流程·標準·制度

採購人員績效考核管理流程如圖 10-5 所示：

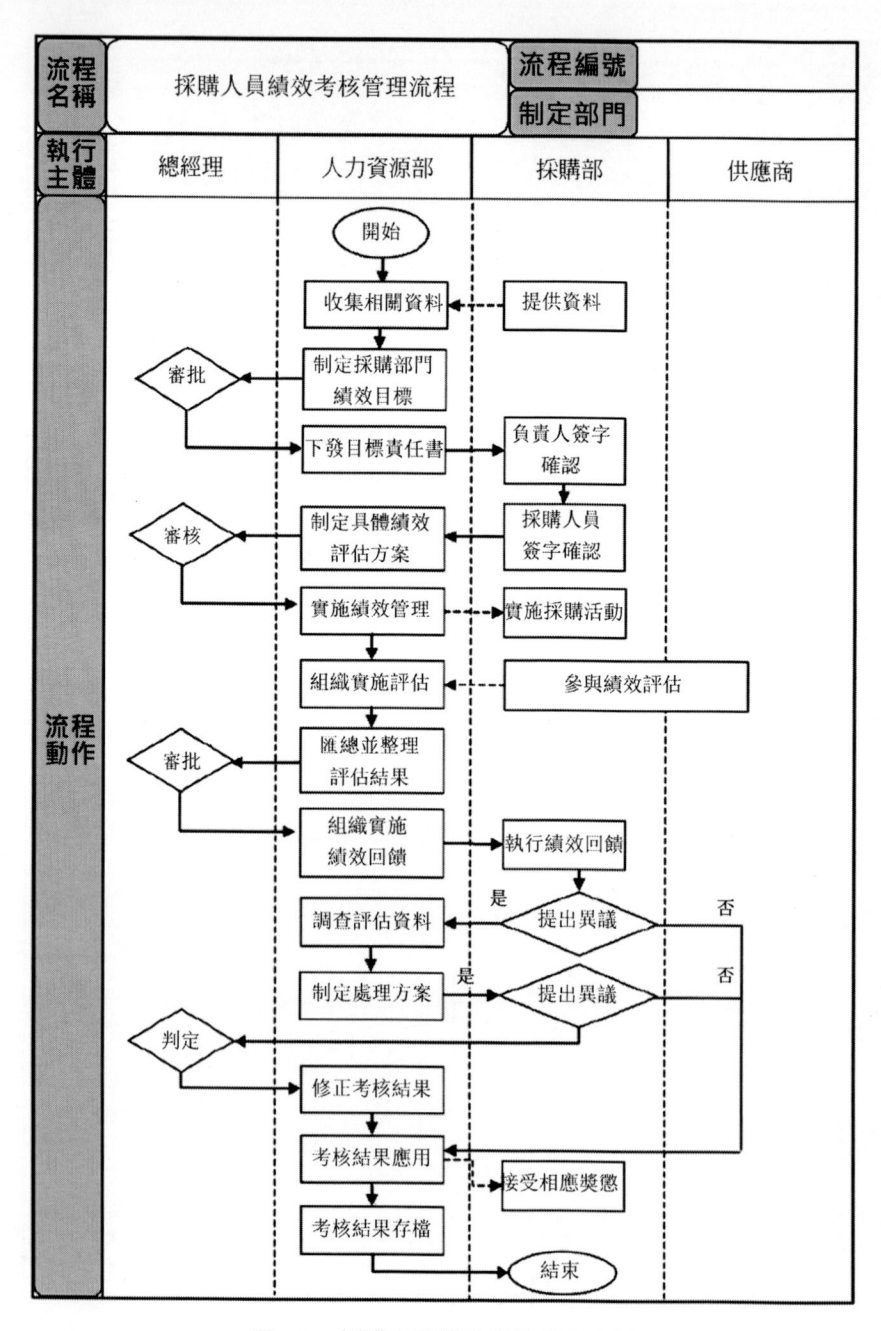

流程名稱	採購人員績效考核管理流程		流程編號	
			制定部門	
執行主體	總經理	人力資源部	採購部	供應商
流程動作				

流程動作（流程圖內容）：

- 開始 → 收集相關資料 ← 提供資料（供應商）
- 制定採購部門績效目標（總經理審批）
- 下發目標責任書 → 負責人簽字確認
- 制定具體績效評估方案（總經理審核）→ 採購人員簽字確認
- 實施績效管理 → 實施採購活動
- 組織實施評估 ← 參與績效評估
- 匯總並整理評估結果（總經理審批）
- 組織實施績效回饋 → 執行績效回饋
- 提出異議（是 → 調查評估資料；否 → 接受相應獎懲）
- 提出異議（是 → 制定處理方案；否）
- 總經理判定 → 修正考核結果
- 考核結果應用 → 接受相應獎懲
- 考核結果存檔 → 結束

圖 10-5 採購人員績效考核管理流程

10.3 採購人員管理標準

表 10-2 為企業採購人員管理業務的具體工作標準，供讀者參考。

表 10-2 採購人員管理業務工作標準

工作事項	工作依據與規範	工作成果或目標
採購人員招聘選拔	◆企業員工招聘面試管理制度、採購人員招聘選拔實施辦法 ◆採購人員勝任素質模型、採購人員任職資格評估辦法	(1)勝任的採購人員按時到班率為__% (2)採購人員任職資格達標率達到__%
採購人員績效管理	◆企業員工績效管理制度、採購人員績效考核管理制度	(1)採購人員績效水準均有明顯提升 (2)採購績效考核工作100%按計劃完成
採購人員薪酬與激勵管理	◆企業員工薪酬管理制度、員工激勵實施辦法 ◆員工薪酬滿意度管理辦法	(1)採購人員薪酬滿意度評價達到__分 (2)核心採購人員流失率控制在__%以內
採購人員日常行為管理	◆採購人員道德行為規範 ◆採購賄賂與反賄賂管理制度	(1)採購人員行為代表企業形象，不做有損企業形象的事或行為 (2)採購賄賂事件發生次數控制在__次以內

明確採購人員管理業務的績效標準，有利於人力資源部及其他相關人員做好採購人員的招聘面試、績效管理、薪酬激勵、日常行為管理等工作。採購人員管理業務績效標準如表 10-3 所示。

表 10-3 採購人員管理業務績效標準

工作事項	評估指標	評估標準
採購人員招聘選拔	採購人員招聘計劃完成率	1.採購人員招聘計劃完成率=$\dfrac{實際到職的採購人員人數}{採購人員需求人數}\times100\%$ 2.採購人員招聘計劃完成率達到100%；實際達成值每降低__%，扣__分；低於__%，本項不得分
	採購人員任職資格達標率	1.採購人員任職資格達標率=$\dfrac{實際到職的採購人員人數}{採購人員需求人數}\times100\%$ 2.採購人員任職資格達標率達到__%；實際達成值每降低__%，扣__分；低於__%，本項不得分
採購人員績效管理	採購人員績效考核工作按時完成率	1.採購人員績效考核工作按時完成率=$\dfrac{按時完成的績效考核工作量}{績效考核計劃列示的工作總量}\times100\%$ 2.採購人員績效考核工作按時完成率在__%以上；實際達成值每降低__個百分點，扣__分；低於__%，本項不得分
	績效考核申訴處理及時率	1.績效考核申訴處理及時率=$\dfrac{及時處理的績效考核申訴條數}{績效考核申訴的總數量}\times100\%$ 2.績效考核申訴處理及時率達到100%；實際達成值每降低__%，扣__分；低於__%，本項不得分

表10-3(續)

採購人員薪酬與激勵管理	採購人員薪酬體系優化目標達成率	1.採購人員薪酬體系優化目標達成率 $=\dfrac{\text{達成的薪酬體系優化的目標數量}}{\text{採購人員薪酬體系優化目標的數量}}\times 100\%$ 2.採購人員薪酬體系優化目標達成率達到__%；實際達成值每降低__個百分點，扣__分；低於__%，本項不得分
	採購人員對薪酬的滿意度	1.採購人員對薪酬的滿意度是指被調查的採購人員對自身薪資水準的滿意度評分的平均值 2.採購人員對薪酬的滿意度目標值為__分；實際滿意度值每降低__分，扣__分；低於__%，本項不得分
採購人員日常行為管理	採購稽核工作按時完成率	1.採購稽核工作按時完成率 $=\dfrac{\text{按時完成的稽核工作量}}{\text{稽核計劃列示的工作總量}}\times 100\%$ 2.採購稽核工作按時完成率的目標值應達到100%；實際達成值每降低__%，扣__分；低於__%，本項不得分
	採購賄賂工作發生數量	1.採購賄賂事件發生數量是指考核期內經調查屬實的賄賂事件的數量；其數量的減少是企業加強採購稽查工作力度的顯性成果之一 2.該指標的目標值控制為0起，每發生一起採購賄賂事件，扣__分

10.4 採購人員管理制度

　　招聘環節、績效管理、薪酬與激勵、日常行為管理等方面存在的問題。其中，著重點是解決或規避採購人員採購作業行為不符合道德規範、採購人員績效考核沒有成效、商業賄賂屢禁不止等典型問題。具體導圖分析如圖10-6所示。

第 10 章 採購人員管理業務・流程・標準・制度

採購人員招聘環節存在的問題	● 招聘、面試的監督力度不夠，未建立有效的迴避機制 ● 招聘環節素質測評不到位，導致將不合格的採購人員聘用進本企業 ● 企業上級將親戚、親信引薦(或安置)至採購崗位上，孳生腐敗現象
採購績效管理方面存在的問題	● 採購績效目標設定不明確，容易使採購人員的實際績效偏低 ● 採購人員的績效考核形式化，從而使採購人員面對績效考核時沒有緊迫感 ● 採購績效僅限於業務方面的考核，忽略採購人員道德素質、行為規範方面的考核，給商業賄賂現象的產生提供了機會
採購薪酬與激勵方面的問題	● 對採購人員的薪酬制定不合理，容易使採購人員出現貪腐行為 ● 對採購人員的激勵制度不合理，容易使採購人員在採購時過度追求自己的利益，出現或者過度關注採購產品的價格，或者過度關注採購產品的品質的現象，最終給公司帶來有形或無形的損失
採購人員日常行為管理方面的問題	● 採購稽查力度不夠，易使道德素質水準不夠高的採購人員存僥倖心理 ● 沒有專業的稽核隊伍和系統的機制，商業賄賂行為得不到有效地預防和監控 ● 商業賄賂行為定義範圍不明確，許多變相形式的回扣不被認為屬於商業賄賂 ● 商業賄賂行為處罰不嚴厲，不能達到防範商業賄賂的目的

圖 10-6 採購人員管理制度解決問題導圖

採購人員道德行為規範如表 10-4 所示：

表 10-4 採購人員道德行為規範

制度名稱	採購人員道德行為規範		編　號	
執行部門		監督部門		編修部門

第一章　總則

第1條　目的。

為加強採購人員的思想道德規範建設，建立採購人員的行為規範，確保採購活動嚴格遵循本公司採購流程與制度規範，體現公平、公正、公開的原則，特制定本規範。

第2條　採購人員定義。

本規範所涉及的採購人員不僅指採購部門的專職採購人員，還包括參與採購專案相關的其他部門員工（如參與現場評審的研發人員、生產人員等）。

第3條　各級主管人員的職責。

1. 根據工作需要，制定相應的行為細則，並透過溝通、培訓、監督和檢查，確保下屬對行為準則的理解和遵守。

2. 營造誠信、正向、富有正能量的組織氛圍，不利用自身的職權和關係影響或誘導員工違反行為準則。

3. 採購職位屬於關鍵和敏感性崗位，應特別注意選拔、任用恰當的員工，並透過職位輪換等措施保護公司利益。

4. 對於發現的違紀行為，各級主管人員應及時報告，並採取補救行動，將違紀行為的損失降至最低，嚴禁瞞騙、姑息和縱容違紀的行為。

第4條　採購人員的職責。

採購人員應當詳細瞭解和認真理解行為準則內容，並承擔下列職責：

1. 對於自己或他人違反行為準則的事件或疑慮，有責任及時反映。

2. 反映問題應實事求是，以實名方式提出，不應匿名或聯名，不得誹謗和詆毀他人。

表10-4(續)

3. 有義務配合有關人員對違反行為準則事件的調查工作。

第二章 採購人員道德操守

第5條 採購人員職業道德教育。

企業必須加強採購人員的思想道德規範教育，建立採購人員的行為規範，具體的措施和要求如下：

1. 注重提高採購人員的個人品格和職業道德，盡可能挑選沒有操守缺失的人擔任採購人員，加強企業員工的歸屬感，把工作真正當作自己的事而不是企業的事。

2. 教育採購人員應清正廉潔，自覺構築思想防線，遏止和抵制各種違紀行為。

第6條 採購人員的職業道德。

採購人員的職業道德是採購人員對公司及公司所有客戶所負的道德責任與義務。從事採購工作的人員需具備對公司忠誠、對供應商公正、對人真誠等職業道德規範。具體職業道德如下圖所示：

對公司忠誠	對供應商公正	對人真誠
採購人員必須忠實於其所在企業的利益，不能以犧牲企業利益為代價追求個人富有	採購人員必須以符合職業道德的方式與供應商或潛在供應商進行合作，應專業地、尊重地對待每一位供應商	採購人員應該真誠地對待每一個人，包括企業同事與上司、供應商等，迅速而禮貌的回覆所涉及的採購業務的問題

採購人員的職業道德規範

第7條 個人品德操守。

員工個人品德操守直接影響公司的形象與信譽，採購人員應注重個人品德修養，嚴格遵守本公司關於員工的品行操守要求，包括但不限於：嚴禁出入不健康的場所、不參與賭博、遵守法律和基本的社會公德、不應誹謗、詆毀他人、不應有違反國家法律禁止的其他行為。

表10-4(續)

第三章 採購人員行為規範

第8條 採購執行過程作業規範。

採購人員在執行採購作業的過程中,需遵循以下具體採購作業規範:

1. 採購人員應合法發展與所有供應商的關係,在執行業務過程中,要遵守所有適用於業務的法律、法規。

2. 在選擇供應商時,應不帶偏見地考慮所有影響因素,即使是簽訂一份數額極小的合約或訂單,採購人員都要秉持公正的原則。

3. 採購人員對供應商的承諾必須提前得到公司合法授權,不得以個人名義對外承諾。

4. 嚴禁互惠交易行為,確保選擇供應商過程的公正性。

5. 採購人員應致力於使企業在任何一次採購項目中獲得最大優惠的商務條件和服務。

6. 採購人員在可以控制的範圍內,應獲得最好的產品品質價格和服務,不得以已存在的供應通路、採購價格和服務標準為理由而降低工作的品質。

7. 不論是接待供應商或參加談判,我方參與人員不能少於兩人,禁止與供應商單獨接觸;接觸場地應在公司內進行,不得在其他場所。

8. 離職員工三年內不得到供應商處擔任與本公司的接洽工作。如有上述人員參與採購工作的,應告知供應商更換其接洽人。

第9條 嚴格按照採購流程和制度規範選擇供應商。

1. 供應商選擇應遵循技術及技術服務、品質、響應能力、供貨表現、成本綜合最佳的原則。

2. 供應商的選擇不允許運用個人的影響力或者以個人私利為目的使待選供應商得到特殊待遇。

第10條 關聯供應商的迴避。

在採購執行過程中,如涉及供應商與員工或其主要親屬有私人利益關係(簡稱關聯供應商),採購業務人員應主動申報,並遵循迴避原則。

1. 不得以任何方式犧牲本公司利益,而為關聯供應商牟取不當利益。

2. 不得主動向公司介紹、推薦關聯供應商及其產品,或以任何方式充當關聯供應商與本公司的中介。

表10-4（續）

3. 不得參與關聯供應商的選擇、考察、談判、評估以及與該供應商交易有關的其他活動。

4. 不得接受關聯供應商的委託，代表該關聯供應商與本公司進行任何接洽、會談。

5. 對於聲稱與部門或公司領導有私人關係的供應商，採購人員應主動申報，並嚴格按照採購流程和制度規範處理與該供應商的業務關係。

第11條　商業款待。

經常性地接受供應商的款待會影響員工代表公司的客觀判斷力，採購人員須謹慎處理外部的各種宴請和交際應酬活動。

1. 當供應商提出符合商業慣例的會議、參觀或考察邀請時，採購業務人員應主動向上級主管申報；獲得批准後，按照出差相關規定處理。

2. 採購人員可以接受或給予他人符合商業慣例的款待，例如工作餐，但費用必須合理，且不為法律或已知的商業慣例所禁止。如果覺得某一邀請不合適，應予以拒絕或由本公司採購人員付費。

3. 接受供應商的款待以餐飲為主，並應以工作時間的延續為原則。

第12條　接受饋贈。

原則上，採購人員不應該接受供應商的饋贈，但在具體操作時，要根據具體情況區別對待。

1. 員工如接受供應商饋贈宣傳品、文化禮品、紀念品等情況下，可以以公司的名義接受，但不論金額大小、物品價值，均應及時上交公司。

2. 員工及親屬不能接受可能影響或是令人懷疑將影響供應商與公司之間的業務關係的任何贈禮。

3. 採購人員不得以任何藉口直接或間接向供應商索賄，索賄行為包括但不限於以下行為：

（1）索要回扣、佣金。

（2）索要各種禮券、禮金禮品。

（3）參加供應商不合理宴請以及受邀參加各種娛樂活動。

（4）受邀參加供應商企業涉及業務合作專案的活動。

（5）採取其他不正當手段牟取非法利益。

4. 禁止採購人員與供應商有任何私下的金錢往來。

表10-4(續)

第13條 採購資訊的保密和使用。

採購人員在使用本公司或供應商的資訊過程中,需遵循保密的原則,不得洩漏公司及供應商的商業與技術秘密。

1. 採購資訊是公司資訊資產的重要組成部分,屬於公司的經營秘密,包括但不限於採購價格、採購比例分配、採購策略、供應商選擇評估方案等。採購人員對採購資訊有義不容辭的保密責任和義務。

2. 對採購資訊的訪問和授權應遵循工作相關性、最小授權和審批受控的原則。採購人員原則上只應獲得被授權範圍內的採購資訊,並承擔保密責任。

3. 對供應商及其他業務夥伴的商業資訊應保守秘密。供應商的產品狀況、報價等相關資料,以及公司對供應商的評估資料,均為商業秘密。無本公司上司的書面批准,不得向其他供應商透露這些商業秘密,不得在工作以外運用這些資料。

4. 禁止採購人員向任何供應商做錯誤或不實的說明,禁止與供應商談論與工作無關的事宜,更不能有意或無意地洩露公司的商業和技術機密。

第四章 附則

第14條 違紀處理。

採購人員在採購過程中必須嚴格執行採購人員行為準則,對違反行為準則的事件或問題,將根據本公司有關「公司員工違紀懲處制度」的文件給予處罰。如公司員工違紀懲處制度無明確說明的,公司視情節嚴重程度給予口頭警告、書面警告、記過、經濟處罰、解除勞動合約等處理。如給公司造成直接經濟損失的,須負賠償責任。

第15條 本規範的制定與生效。

本規範由公司採購部負責制定,報總經辦審核通過後,自簽發之日起生效,採購人員應嚴格遵循本規範的要求。

編制日期		審核日期		批准日期	
修改標記		修改處數		修改日期	

採購人員稽核管理方案如表 10-5 所示：

表 10-5 採購人員稽核管理方案

制度名稱	採購人員稽核管理方案	編　　號	
執行部門		監督部門		編修部門	

第一章　總則

第1條　目的。為了規範採購部的管理，確保採購人員的行為符合公司的各項規章制度，樹立和維護公司良好的形象，特制定本方案。

第2條　適用範圍。本方案應用於對採購業務過程的稽查。

第3條　稽核人員的組成。稽核小組人員由總經理和財務部、人力資源部等相關部門的負責人構成。

第4條　稽核方式主要有下列兩種方式：

1. 對採購部整體的稽核主要是定期稽核，定期為每季度一次，具體工作由總經理負責組織實施。

2. 對採購部人員的稽核主要採取機密方式進行，因為事關個人品德問題。

第二章　採購人員行為規範

第5條　遵守國家相關法律法規和公司規章制度及辦事程序。

第6條　對公司忠誠，恪盡職守，積極主動鑽研業務，提高工作技能，高品質地完成工作任務。

第7條　上班時保持良好的精神狀態，認真接受上司指示和命令，同事間相互理解、包容、團結。

第8條　嚴格執行保密制度，對公司的經營資訊、機密文件及資料不得擅自複印或帶出。

第9條　採購人員憑相關部門的採購訂單，按公司規定的權限和相關程序實施採購，緊急採購經總經理批准，可先採購，後補辦相關手續。

第10條　每批採購金額在__元以上的，採購人員至少應向三家及以上的

表10-5（續）

供應商詢價，爭取最低的採購價格，並將相關資訊和資料報採購主管審核，若採購主管發現自己的詢價比採購員低時，應展開調查並將結果報上司處理。

第11條　採購人員應按採購單保質保量地進行採購，收貨時按照公司有關規定進行驗收。

第12條　不准弄虛作假，偽填或塗改發票，不准向供應商索取或接受其回扣、佣金等。

第三章　採購稽核實施

第13條　根據公司請購單、銷售計劃書、各類生產計劃等，對採購預算管理的稽核要點包括但不限於以下三個方面：

1. 採購預算的編制是否考慮存貨定量及定價管制，以及是否制定了ABC分類標準。
2. 採購預算是否與銷售計劃、生產計劃、庫存狀況等相互配合。
3. 採購預算是否得到全面執行，若與實際採購費用存在差異，是否對採購預算進行修正。

第14條　根據公司請購單、安全存量控制表等，對請購作業過程的稽核要點包括但不限於以下三個方面：

1. 請購是否與預算相符，並按照核准權限核准。
2. 請購單（數量、規格等）變更是否按照相關程序進行。
3. 是否進行緊急採購原因分析。

第15條　根據詢價單、採購合約等，對比價作業的稽核要點包括但不限於：詢價過程、招標作業、採購合約管理。

第16條　根據請購單、採購合約等，對下單訂購作業的稽核要點包括但不限於下列四個方面：

1. 採購合約的規範性、合法性。
2. 採購合約的執行情況。
3. 訂單發出後有無追蹤控制。
4. 因某種原因當供應商沒有按約定的日期將採購物資送達時，採購部是否採取了相應的措施以保證公司正常生產。

表10-5(續)

　　第17條　根據入庫驗收單、送貨發票等，對驗收作業的稽核要點包括但不限於以下四個方面：

　　1. 採購物資到達時，採購部是否會同（採購物資）使用部門、品質管理部及其他相關部門共同對採購物資進行驗收。

　　2. 相關技術部門是否派專業技術人員對採購物資進行驗收。

　　3. 採購物資不符合標準時，是否採取了相應的有效措施。

　　4. 檢驗人員是否依據相關單據，對採購物資的品名、數量、單價等逐一點檢，並做好相應的記錄。

　　第18條　採購人員稽核內容。

　　對採購人員的稽核內容主要基於採購人員行為規範的相關規定進行，把有效防範和嚴格稽查有機結合。

第四章　附則

　　第19條　本制度由人力資源部擬定，經總經理審批後執行。

　　第20條　本辦法自頒布之日起施行，最終解釋權歸人力資源部。

編制日期		審核日期		批准日期	
修改標記		修改處數		修改日期	

　　採購賄賂與反賄賂管理制度如表10-6所示：

10.4 採購人員管理制度

表 10-6 採購賄賂與反賄賂管理制度

制度名稱	採購賄賂與反賄賂管理制度	編　　號	
執行部門		監督部門		編修部門	

第一章　總則

第1條　目的。

為加強公司廉政建設,保證採購工作的公平、公正、公開,嚴厲打擊和

表 10-6（續）

制止收受賄賂、拿回扣、行賄等行為，維護本公司和供應商的權益，避免公司遭受經濟損失，特制定本制度。

　　第 2 條　適用範圍。

　　凡本公司採購過程中出現的採購賄賂行為，均依照本制度進行處理。

　　第 3 條　名詞解釋。

　　1. 本方案中所指的採購賄賂，是指供應商為銷售物資而採用財物或其他手段賄賂本公司採購人員，以及本公司工作人員為了收受或者索取賄賂而購買供應商物資的行為。

　　2. 本方案所稱折扣，即商品購銷中的讓利，是指供應商在銷售物資時，以明示並如實入帳的方式給予我公司的價格優惠，包括支付價款時對價款總額按一定比例即時予以扣除和支付價款總額後再按一定比例予以退還兩種形式。

第二章　採購賄賂界定標準

　　第 4 條　財物賄賂。

　　1. 供應商為銷售物資，假借促銷費、宣傳、贊助費、科研費、勞務費、諮詢費、佣金等名義，或者以報銷各種費用等方式，給付本公司單位或者個人現金和實物的行為，屬於財物賄賂。

　　2. 按照商業禮儀贈送小額廣告禮品的行為不屬於採購賄賂。

　　第 5 條　其他手段賄賂。

　　供應商對本公司採購人員提供國內外各種名義的旅遊、考察等給付財物以外的其他利益的行為，屬於其他手段賄賂。

　　第 6 條　行賄行為的界定。

　　供應商不得採用財物或者其他手段進行賄賂以銷售物資。在帳外暗中給予本公司採購部門或者個人回扣的，以行賄論處。

　　第 7 條　受賄行為的界定。

　　本公司採購部門或者個人在帳外暗中收受回扣的，以受賄論處。

　　第 8 條　折扣入帳。

　　供應商銷售物資，可以以明示方式給本公司折扣，折扣必須如實入帳。

表10-4(續)

本公司接受折扣必須由財務部如實入帳。若折扣未進行即時入帳，該行為構成採購賄賂。

第9條　串通投標。

本公司採購人員為了收受回扣與投標單位串通投標、抬高標價或者壓低標價，相互勾結，以排擠競爭對手的行為構成採購賄賂。

第三章　採購作業環節的腐敗控制

第10條　採購計劃制訂階段防腐敗措施

採購部根據往年採購預算、年度經營目標審批採購預算，經企業領導同意簽署意見後，方可執行，否則退回計劃員重新編制。

第11條　採購預算編制階段防腐敗措施。

1. 採購預算要根據生產部門需求計畫和財務部門總體預算要求，由採購預算專員完成，預算要經採購部經理、財務部經理和總經理審批。

2. 財務部匯總採購預算，並進行審核，通過後報總經理審批。

3. 總經理結合年度經營目標審批財務部審批後的年度採購預算，同意即簽署意見；不同意則與相關部門協調，重新調整採購物資種類及數量，編制採購預算。

4. 採購物資超出核定預算時，應由採購部提出書面理由，送上一級主管核定後辦理。

第12條　供應商選擇階段防腐敗措施。

1. 供應商評價小組由採購部、生產部、品管部和財務部相關人員共同組成，避免採購人員單獨確定供應商。

2. 收集供應商訊息時，要做好記錄，必要時可以讓兩個以上的採購專員在不同時間去收集資料，以及接觸同一個重要的供應商。

3. 收集到的供應商資訊應及時存檔，檔案由採購部資訊管理員負責管理，未經採購部經理允許，不得隨便查閱。

第13條　詢價階段防腐敗措施。

1. 所購物資需要尋求三家或以上的供應商，並對其進行詢價、比價工作。

2. 每項採購物資在進行完詢價、比價工作後填寫報批單交由主管審批。

表10-6(續)

3. 必要時可以讓兩個以上的採購專員在不同時間去接觸同一個重要的供應商。

4. 採購價值在____元及以上的應報採購經理及公司上司審批。

5. 採購物資在報批手續完善後,採購人員才能下單採購。

6. 嚴禁先下單後報披,否則造成公司的損失和其他相關責任由採購人員自行承擔。

第14條 議價階段防腐敗措施。

1. 議價時可採用集中議價的方法,採購主管、採購專員、合約專員、生產技術人員和財務人員參加議價,由採購專員將相關資訊報告給參加審議的人員,生產人員或質檢人員判斷供應商產品性質,最後決定備選供應商,杜絕採購專員獨自接觸供應商後決定價格。

2. 議價結束後將審議結果報採購經理審批,重要採購或者數額超過審批權限數值的採購需採購總監及總經理審批。

第15條 評估階段防腐敗措施。

在確定最終供應商時,要根據供應商的產品品質、價格、服務、信譽和技術力量等進行評估.此時直接接觸供應商的採購專員有建議權但無投票權,評估採用群體決策投票的方法,結果產生後報採購經理審批,重要採購或數額超過審批權限數值的採購需由採購總監及總經理審批。

第16條 訂購及進貨階段防腐敗措施。

1. 簽訂購貨合約時,合約條款必須明確,物資名稱、規格、單價、總價及交貨地點、時間等均需要在合約上寫明,防止合約條款不明確,致使供應商與採購專員利用漏洞做文章。

2. 簽訂合約時由採購部、品管部、財務部、法務部等相關人員共同參與,不能由採購專員單獨與供應商簽訂,並應由採購主管、採購經理簽字後方可生效。

3. 由兩人或兩人以上相關人員同時驗收貨物。

第17條 結算階段防腐敗措施。

1. 貨款支取必須由採購部經理簽字和財務部經理簽字方能生效。

2. 財務人員必須仔細核對購貨憑證的真偽,出現污損或塗改的票據一

表10-6(續)

律不得報銷。

3. 貨款數額必須與合約數額一致，若出現貨款變更，必須由相關上司簽字後方能生效。

4. 財務人員必須盡職盡責，做好採購結算的工作，發現問題應立即上報，不得自行處理解決。

第18條　採購報銷環節的防腐敗措施。

採購業務涉及的差旅交通、汽車修理、餐飲招待等費用，當事人、經辦人必須如實辦理報銷手續，提供正規發票，有弄虛作假者，一律按公司相關規定處理。

第四章　對受賄違規行為的懲處

第19條　受賄貪污的懲罰措施。

對於受賄貪污的懲罰措施，具體說明如下：

1. 貪污受賄的金額達＿＿元給予＿＿元（＿＿倍）罰款，並作降級處理。

2. 貪污受賄的金額達＿＿元以上者除了給予＿＿倍罰款外，一律開除。

3. 貪污受賄的金額達＿＿元者，除給予＿＿倍罰款外，還須移送司法機關追究法律責任。

4. 若受賄的是實物，按市場價格折算金額。

5. 凡因吃拿回扣，受到處分的都將在公司內部予以通報處理。

第20條　惡意行為的嚴懲措施。

發生下列惡意情況之一的，需按照實際情況予以嚴懲：

1. 在採購中故意選擇質次價高的產品和劣質的服務。

2. 故意以長期合作為由，索要回扣。

3. 打供應商串通欺騙公司。

4. 在業務中故意隱瞞信譽良好的供應商。

5. 拖延時間，打時間差欺騙公司。

6. 在業務工作中不積極尋找好的合作夥伴，未能認真向對方提出合理的要求，忽視公司利益，不認真對待業務談判，致使公司蒙受損失。

表10-4(續)

第五章　附則

第21條　本制度由人力資源部負責制定，每年度修訂一次，其解釋權歸本公司所有。

第22條　本制度經總經理審批通過後，自頒發之日起生效，修改時亦同。

編制日期		審核日期		批准日期	
修改標記		修改處數		修改日期	

採購人員績效考核管理制度如表10-7所示：

表10-7 採購人員績效考核管理制度

制度名稱	採購人員績效考核管理制度	編　　號	
執行部門		監督部門		編修部門	

第一章　總則

第1條　目的。

為了保證公司所需物資的供應及時，確保採購品質，提高採購人員的工作績效和工作積極性，特制定本制度。

第2條　適用範圍。

本制度適用於採購部所有正式員工，下列人員不列入年度績效考核範圍：

1.試用期人員。

2.停薪留職及復職未達半年者。

3.連續缺勤天數達30天以上者。

第3條　考核紀律。

1.考核須遵循公正、公平的原則，相關上司必須認真、負責，否則將給予降職、扣除當月績效獎或扣分處理。

2.各部門負責人要認真對待考核工作，慎重評分，凡在考核工作中消極應對者，公司將扣分甚至扣除其全月績效和職位津貼等處分。

3.凡在考核工作中弄虛作假者，一律按照公司相關規定給予相應的

表10-7(續)

處理。

第二章　績效考核實施規劃

第4條　考核實施時間。

採購部的評估分為月度考核、季度考核和年度考核三種，具體實施時間如下表所示。

考核實施時間表

考核頻率	考核實施時間	考核結果應用
月度考核	次月＿＿日前	與每月績效工資掛鉤
季度考核	下季度第一個月＿＿日前	薪資調整、職位調整、培訓、季度獎金
年度考核	次年1月＿＿日前	薪資調整、職位調整、培訓、年度獎金

第5條　職責分工。

採購人員績效考核事項涉及採購部、人力資源部等內部部門及人員，也涉及供應商等外部人員。相關人員的職責分工如下表所示。

職責劃分表

人員	職責
採購部經理	◆ 組織、實施本部門員工的績效考核工作，客觀公正第對下屬進行評估 ◆ 與下屬進行溝通，幫助下屬認識到工作中存在的問題，並與下屬共同制訂績效改進計劃和培訓發展計劃 ◆ 考核結果的審核
被考核者	◆ 學習和了解公司的績效考核制度 ◆ 針對績效考核中出現的問題，積極主動地與直接上級進行溝通 ◆ 積極配合部門主管討論並制訂本人的績效改進計劃和標準
被考核者直接上級	◆ 公正、客觀地對下屬的工作表現、工作態度、工作能力等進行考核 ◆ 與下屬進行績效考核面談，與下屬共同確定績效改進計劃和標準

表10-7（續）

人力資源部工作人員	◆ 績效考核前期的宣傳、培訓和組織 ◆ 考核過程中的監督、指導 ◆ 考核結果的匯總、整理 ◆ 運用考核結果進行相關的人事決策
供應商	◆ 提出客觀公正的意見作為採購人員績效考核的參考依據

第三章　績效考核實施

第6條　考核內容。

1. 採購工作業績考核指標。對採購工作業績的考核主要從成本控制、業務運作和日常管理三個方面進行，具體考核指標如下表所示。

採購工作業績考核表

績效指標內容		績效目標
成本控制類指標	採購成本目標達成率	平均達到____%
	應付帳款及時準確率	平均達到____%
業務運作類指標	採購計劃完成率	平均達到____%
	大宗採購任務的完成率	平均達到____%
	採購不合格及退貨次數	控制在____次以內
	採購交期延誤次數	控制在____次以內
	供應商的開發數量	平均達到____個
	相關部門投訴次數	控制在____次以內
	出現商業賄賂的次數	控制在____次以內
	上級領導滿意度	平均達到____%
日常管理類指標	採購資料建檔、保管完整性	達到100%
	部門人員流動率	控制在____次以內

2. 人事考核。人事考核主要包括以下兩方面的內容：

(1) 考勤。

表10-7(續)

(2) 個人行為表現，主要指被考核者在日常工作中因違反公司相關制度而被懲罰，或因突出性的工作表現而被肯定，並以此作為績效考核的一個指標。

第7條　考核程序。

1. 人力資源部組織採購部在採購人員的實際工作表現及工作成果的基礎上，對照各部門、各職位的績效考核的指標進行評估，並匯總考核結果。

2. 人力資源部於考核結束後＿＿口內將考核結果交採購部經理審核後報總經理審批。

第四章　績效面談與申訴

第8條　績效面談事前準備。

1. 績效面談人員應事先瞭解採購人員的個性特點以及自己管理或溝通方面的能力限制。

2. 採購人員直接上級應詳細閱讀採購人員的績效自評表，了解採購人員需要被討論指導的行為事宜。

第9條　績效面談實施。

1. 在面談前和面談的時候，均應營造一種和諧的氣氛。

2. 說明討論的目的、步驟和時間。

3. 根據預先設定的績效指標討論採購人員的工作完成情況，並分析其成功與失敗的原因。

4. 討論採購人員行為表現與組織價值觀相符合的情況，以及採購人員在工作能力上的強項和有待改進的方面。

5. 為採購人員下一階段的工作設定目標和績效指標並討論採購人員需要的資源與幫助。

6. 雙方就面談的結果，簽字確認。

第10條　績效面談的內容。

1. 工作業績。工作業績是進行採購人員績效考核時最為重要的內容，因此也是其直接上級與採購人員進行面談時的重要內容。

2. 行為表現。除了工作業績以外，採購人員直接上級還應關注採購人

表10-7(續)

員的行為表現，如工作態度、工作能力等外在的行為表現。

3. 改進措施。針對採購人員未能有效完成的績效計劃，其直接主管應該和員工一起分析績效不佳的原因，並設法幫助採購人員提出具體的績效改進措施。

4. 新的目標。針對採購人員上期績效計劃的完成情況，採購人員直接上級和採購人員一起提出下一績效週期中的新的工作目標.幫助採購人員制定新的績效計劃。

第11條　績效面談應注意的問題。

1. 雙向溝通。

2. 問題診斷與輔導並重。

3. 以積極的方式結束面談。

第12條　績效面談結果的應用。

1. 採購人員直接上級設定採購人員工作改進計劃及時間表。

2. 依公司管理制度，採購人員直接上級對採購人員晉升、調薪或調職提出合理建議。

第13條　考核申訴。

1. 被考核者對考核過程或者考核結果有異議且與考核者溝通無效，並確有證據證明的情況下，可以啟動考核申訴程序。

2. 被考核者應以書面形式向人力資源部申訴，人力資源部在接到採購人員申訴後的XX個工作日內給予解決。

第五章　附則

第14條　本制度由公司人力資源部負責制定、修改、廢除。

第15條　本制度報人力資源總監審核通過後，自頒布之日起實施。

編制日期		審核日期		批准日期	
修改標記		修改處數		修改日期	

國家圖書館出版品預行編目（CIP）資料

總經理採購規範化管理 / 王德敏 編著. -- 第一版.
-- 臺北市：崧燁文化，2020.05
　　面；　公分
POD 版

ISBN 978-957-681-823-3(平裝)

1. 採購管理

494.57　　　　　　　　　　　　　　108002790

書　　名：總經理採購規範化管理
作　　者：王德敏 編著
發 行 人：黃振庭
出 版 者：崧燁文化事業有限公司
發 行 者：崧燁文化事業有限公司
E-mail：sonbookservice@gmail.com
粉 絲 頁：　　　　　網　址：
地　　址：台北市中正區重慶南路一段六十一號八樓 815 室
8F.-815, No.61, Sec. 1, Chongqing S. Rd., Zhongzheng
Dist., Taipei City 100, Taiwan (R.O.C.)
電　　話：(02)2370-3310　傳　真：(02) 2388-1990
總 經 銷：紅螞蟻圖書有限公司
地　　址：台北市內湖區舊宗路二段 121 巷 19 號
電　　話：02-2795-3656　傳真：02-2795-4100　　網址：
印　　刷：京峯彩色印刷有限公司（京峰數位）

　本書版權為西南師範大學出版社所有授權崧博出版事業有限公司獨家發行電子
書及繁體書繁體字版。若有其他相關權利及授權需求請與本公司聯繫。

定　　價：380 元
發行日期：2020 年 05 月第一版
◎ 本書以 POD 印製發行